一本书明白

当好村级动物
防疫员

YIBENSHU
MINGBAI
DANGHAO
CUNJIDONGWU
FANGYIYUAN

唐桂芬　崔耀明　主编

"十三五"国家重点
图书出版规划

新型职业农民书架·
技走四方系列

山东科学技术出版社　山西科学技术出版社　中原农民出版社
江西科学技术出版社　安徽科学技术出版社　河北科学技术出版社
陕西科学技术出版社　湖北科学技术出版社　湖南科学技术出版社
中原农民出版社　　　　　　　　　　　联合出版

U0242755

图书在版编目（CIP）数据

一本书明白当好村级动物防疫员 / 唐桂苏，崔耀明主编.
郑州 :中原农民出版社，2018.6（2019.6重印）
（新型职业农民书架·技走四方系列）
ISBN 978-7-5542-1928-7

Ⅰ.①一… Ⅱ.①唐…②崔… Ⅲ.①兽疫—防疫
Ⅳ.①S851.3

中国版本图书馆CIP数据核字（2018）第124877号

一本书明白当好村级动物防疫员

主　编：唐桂芬　崔耀明
副主编：张桂云　曹素芳　王　岩　张春霞
　　　　姜东凤　刘青山　韩凤斌　汪　蕊
　　　　楚保国　马育敏

出版发行　中原出版传媒集团　中原农民出版社
　　　　　（郑州市郑东新区祥盛街27号7层　邮编：450016）
电　　话　0371-65788656
印　　刷　新乡市豫北印务有限公司
开　　本　787mm×1092mm　1/16
印　　张　9.5
字　　数　150千字
版　　次　2018年7月第1版
印　　次　2019年6月第2次印刷

书　　号　ISBN 978-7-5542-1928-7
定　　价　30.00元

Contents

单元一
村级动物防疫员基础知识

单元提示

1. 了解动物防疫和村级动物防疫员。
2. 畜禽免疫生理基础知识。
3. 畜禽卫生防疫基础知识。
4. 畜禽标识的佩戴与畜禽养殖档案的建立。
5. 动物检疫基本知识。

一、了解动物防疫和村级动物防疫员

村级动物防疫员是指由乡村聘用，承担着行政村动物防疫工作的人员。

（一）动物防疫简介

动物防疫

动物疫病的预防：指对动物采取免疫接种、驱虫、药浴、疫病监测和建设环境安全并适合动物生长发育的畜禽舍，同时采取消毒、生物安全控制、动物疫病区域化管理等综合措施，防止动物疫病的发生。

动物疫病的控制：一是动物发生疫病时，采取隔离、扑杀、消毒、紧急接种等措施，防止其扩散蔓延，做到有疫不流行；二是对已经存在的动物疫病，采取监测、淘汰等措施，逐步净化直至达到消灭该动物疫病。

动物疫病的扑灭：指在发生对人畜危害严重、可能造成重大经济损失的动物疫病时，需要采取紧急、严厉、综合的封锁、隔离、销毁、消毒和无害化处理等强制措施，迅速扑灭疫情。

动物及动物产品的检疫：为了防止动物疫病传播，对动物及动物产品的卫生状况进行检查、定性和处理，并出具法定的检疫证明的一种行政执法行为。

动物疫病的扑灭原则

对动物疫病的扑灭应当掌握早、快、严、小的原则。"早"，即严格执行疫情报告制度，及早发现和及时报告动物疫情，以便兽医行政主管部门能够及时掌握动物疫情动态，采取扑灭措施；"快"，即迅速采取各项措施，防止疫情扩散；"严"，即严格执行疫区内各项严厉的处置措施，在限期内扑灭疫情；"小"，即把动物疫情控制在最小范围之内，使动物疫情造成的损失降低到最低。

动物防疫的对象

(1) 动物包括家畜（猪、马、牛、羊、驴、骡、兔等）、家禽（鸡、鸭、鹅等）、宠物（犬、猫等）以及人工饲养合法捕获的其他动物。

(2) 动物产品包括供人类食用的肉、蛋、奶，供动物食用的饲料原料（肉粉、鱼粉、血粉、羽毛粉等）以及工业用的其他动物源产品。

(3) 动物疫病包括动物传染病、寄生虫病等。

(4) 其他动物的粪便、屠宰动物的下脚料、动物用品（料草、垫草、运输、工具等）、病死动物的尸体等。

（二）动物防疫相关政策、法律和法规

《中华人民共和国动物防疫法》

《重大动物疫情应急条例》

《动物检疫管理办法》（农业部令 2010 年第 6 号）

《一、二、三类动物疫病病种名录》（修订版）

《高致病性禽流感防治技术规范》

优先防治和重点防范的动物疫病	
优先防治的国内动物疫病（16种）	一类动物疫病（5种）：口蹄疫（A型、亚洲I型、O型）、高致病性禽流感、高致病性猪蓝耳病、猪瘟、新城疫 二类动物疫病（11种）：布鲁菌病、牛结核病、狂犬病、血吸虫病、包虫病、马鼻疽、马传染性贫血、沙门菌病、禽白血病、猪伪狂犬病、猪繁殖与呼吸综合征（猪蓝耳病）
重点防范的外来动物疫病（13种）	一类动物疫病（9种）：牛海绵状脑病、非洲猪瘟、绵羊痒病、小反刍兽疫、牛传染性胸膜肺炎、口蹄疫（C型、SAT1型、SAT2型、SAT3型）、猪水疱病、非洲马瘟、H7亚型禽流感 未纳入病种分类名录，但传入风险增加的动物疫病（4种）：水疱性口炎、尼帕病、西尼罗河热、裂谷热

（三）村级动物防疫员的岗位职责

- 协助做好动物防疫法律法规、方针政策和防疫知识宣传工作。
- 负责本区域的动物免疫工作，并建立动物养殖和免疫档案。
- 负责对本区域的动物饲养及发病情况进行巡查，做好疫情观察和报告工作，协助开展疫情巡查、流行病学调查和消毒等防疫活动。
- 掌握本村动物出栏、补栏情况，熟悉本村饲养环境，了解本地动物多发病、常见病，协助做好本区域的动物产地检疫及其他监管工作。
- 参与重大动物疫情的防控和扑灭等应急工作。
- 做好当地政府和动物防疫机构安排的其他动物防疫工作。

二、畜禽免疫生理基础知识

（一）免疫与免疫系统

免疫是指动物机体免疫系统识别自身与异己物质，并通过免疫应答清除抗原性异物，以维持机体生理平衡。

免疫系统是动物机体的一个重要防御系统，是动物机体内参与对抗原的免疫应答，执行免疫功能的一系列器官、细胞和分子的总称。

> 免疫器官：分中枢免疫器官和外周免疫器官两大类。

免疫系统

> 免疫细胞：主要有 T 细胞、B 细胞、NK 细胞、K 细胞、单核巨噬细胞、树突状细胞及粒细胞等。

> 免疫分子：有抗体、补体和细胞因子等。

免疫器官

> 中枢免疫器官：包括骨髓、胸腺和法氏囊。胸腺和法氏囊在胚胎早期出现，青春期后退化。

> 外周免疫器官：包括淋巴结、脾脏、禽哈德腺、黏膜免疫系统等。它与中枢免疫器官的主要差别在于来源不同，出现较晚，终生存在，切除后对免疫影响较小。

猪、鸡免疫器官示意图

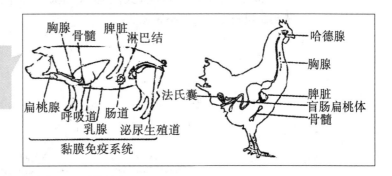

禽法氏囊的部位和结构

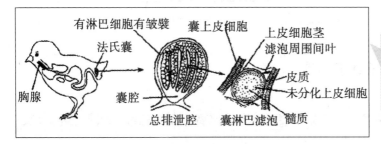

（二）免疫应答

免疫应答是指动物机体免疫系统受到抗原刺激后，免疫细胞对抗原分子识别并产生一系列的反应，清除异物的过程。

淋巴结和脾脏是免疫应答的主要场所。参与机体免疫应答的核心细胞是 T 细胞和 B 细胞，表现形式为细胞免疫和体液免疫。免疫应答具有特异性、免疫记忆性和一定的免疫期三大特点。

免疫应答是一个十分复杂、连续、不可分割的生物学过程，大致包括致敏阶段、反应阶段和效应阶段。

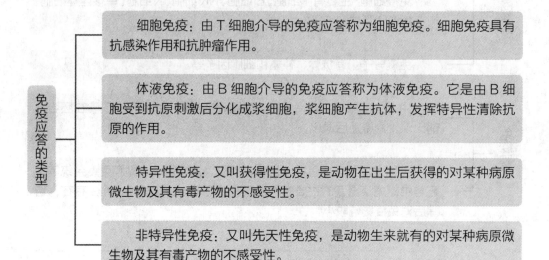

免疫应答的类型

细胞免疫：由 T 细胞介导的免疫应答称为细胞免疫。细胞免疫具有抗感染作用和抗肿瘤作用。

体液免疫：由 B 细胞介导的免疫应答称为体液免疫。它是由 B 细胞受到抗原刺激后分化成浆细胞，浆细胞产生抗体，发挥特异性清除抗原的作用。

特异性免疫：又叫获得性免疫，是动物在出生后获得的对某种病原微生物及其有毒产物的不感受性。

非特异性免疫：又叫先天性免疫，是动物生来就有的对某种病原微生物及其有毒产物的不感受性。

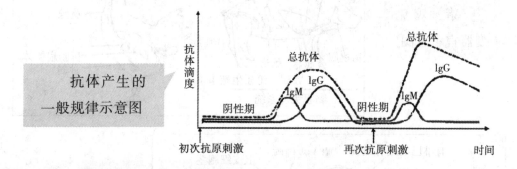

抗体产生的
一般规律示意图

（三）免疫抑制的影响因素

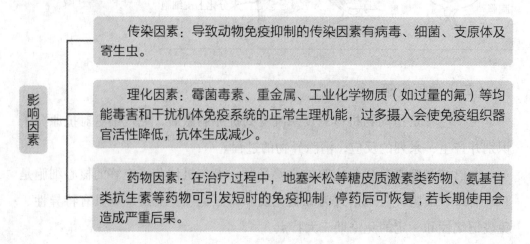

影响因素

传染因素：导致动物免疫抑制的传染因素有病毒、细菌、支原体及寄生虫。

理化因素：霉菌毒素、重金属、工业化学物质（如过量的氟）等均能毒害和干扰机体免疫系统的正常生理机能，过多摄入会使免疫组织器官活性降低，抗体生成减少。

药物因素：在治疗过程中，地塞米松等糖皮质激素类药物、氨基苷类抗生素等药物可引发短时的免疫抑制，停药后可恢复，若长期使用会造成严重后果。

营养因素：某些维生素和微量元素是免疫器官发育，淋巴细胞分化、增殖、活化及合成抗体的必需物质，若缺乏或过多或各成分间搭配不当，必然诱导机体继发性免疫缺陷。

应激因素：在过冷、过热、拥挤、断奶、混群、疫苗免疫、运输等应激状态下，畜禽体内会产生热应激蛋白（HSP）等异常代谢产物，同时某些激素（如类固醇）水平也会大幅提高，严重影响淋巴细胞活性，引起明显的免疫抑制。

（四）抗原与抗体

1. 抗原

凡是能刺激机体产生抗体和致敏淋巴细胞并能与之结合引起特异性反应的物质称为抗原。

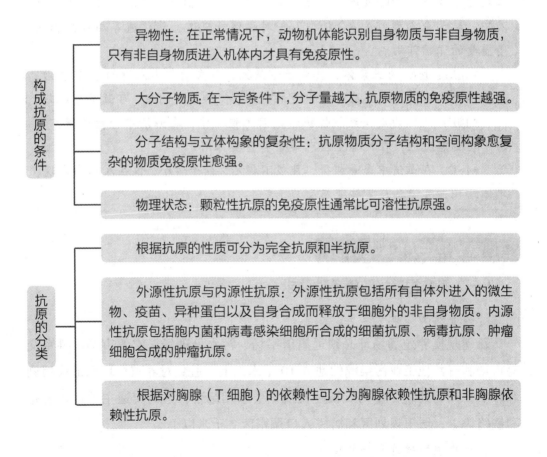

异物性：在正常情况下，动物机体能识别自身物质与非自身物质，只有非自身物质进入机体内才具有免疫原性。

大分子物质：在一定条件下，分子量越大，抗原物质的免疫原性越强。

分子结构与立体构象的复杂性：抗原物质分子结构和空间构象愈复杂的物质免疫原性愈强。

物理状态：颗粒性抗原的免疫原性通常比可溶性抗原强。

根据抗原的性质可分为完全抗原和半抗原。

外源性抗原与内源性抗原：外源性抗原包括所有自体外进入的微生物、疫苗、异种蛋白以及自身合成而释放于细胞外的非自身物质。内源性抗原包括胞内菌和病毒感染细胞所合成的细菌抗原、病毒抗原、肿瘤细胞合成的肿瘤抗原。

根据对胸腺（T细胞）的依赖性可分为胸腺依赖性抗原和非胸腺依赖性抗原。

2. 抗体

抗体是指机体免疫系统受抗原刺激后，B细胞分化成熟为浆细胞后，合成分泌的一类能与相应抗原特异性结合的具有免疫功能的球蛋白。

> **抗体的分类**
>
> ●IgG：是人和动物血清中含量最高的抗体，占75%~80%。IgG是介导体液免疫的主要抗体，维持时间长，对构成机体的免疫力有重要的作用，可发挥抗菌、抗病毒和抗毒素作用，调理、凝集和沉淀抗原，同时也是血清学诊断和疫苗免疫后检测的主要抗体。
>
> ●IgA：以单体和二聚体两种形式存在。单体存在于血清中，称为血清型IgA，占血清球蛋白的10%~20%，具有抗菌、抗病毒、抗毒素作用。二聚体主要存在于呼吸道、消化道分泌液，以及初乳、唾液、泪液等分泌液中，称为分泌型IgA。分泌型IgA对机体呼吸道、消化道等局部黏膜起着重要的保护作用。
>
> ●IgM：IgM为五聚体，其分子量最大，其含量仅占血清的10%左右，是机体初次体液免疫反应最早出现的抗体，但持续时间短，可做早期诊断。
>
> ●IgE：又称为皮肤致敏性抗体或亲细胞抗体，在血清中含量极微，参与Ⅰ型变态反应，在抗寄生虫感染中有重要作用。
>
> ●IgD：在血清中含量极微，且极不稳定，分子量小，仅在人体内发现，单体结构，可能参与某些变态反应。

三、畜禽卫生防疫基础知识

（一）畜禽饲养场防疫条件要求

1. 对养殖场场址的要求

新建规模养殖场场址必须远离屠宰场、污水处理场、农贸市场、牲畜交易市场和有其他工业污染源的地方10千米以上，避免对养殖场环境造成污染和影响，同时还应尽量与城镇建设规划要求相结合，远离交通主干道（公路和铁路等）、城镇规划区和居民人口稠密区2千米以上。

2. 对养殖场建筑布局的要求

中大型养殖场必须设计生活及日常管理办公区、生产区、销售区、隔离区、污水处理区、兽医解剖及病死动物处理区六大功能区。各功能区必须依当地常年风向及现有地势依次排列，生活区建在养殖场的上风向和地势较高的位置，而污水处理区、兽医解剖及病死动物处理区两大功能区则位于整个养殖场区最偏远和地势最低处且处于下风向的位置。

养殖场区四周必须建造专门的围墙隔离带，并经常检查，保持隔离带完好无损，不能留有缺口或漏洞，使场区与外界隔离，以防无关人员和其他动物进入养殖场内。

养殖场内的洁净道路和污染道路严格分开。洁净道路只用于运输饲料车辆和员工上下班行走，污染道路则是清运粪便和病死动物的专用通道。

3. 对养殖舍建筑结构的要求

养殖舍建筑结构都要考虑以下几点：便于圈舍采光，利用光照杀菌；房舍通风、换气良好，通过通风换气，减少房舍内的微生物；动物粪便、污水易于排出，减少病原微生物滋生；房舍要利于各种消毒措施的实施。

养殖舍窗口安装窗纱，防止野鸟飞入，防鼠、灭鼠，夏季注意消灭蚊、蝇，有效阻断野鸟、鼠、蚊、蝇等疫病传播媒介的侵扰，防止疫病的传入。

4. 对养殖场大门口的卫生要求

场区大门口应设门卫消毒室和更衣室并配备工作服、工作鞋和车辆消毒池、洗手消毒盆和行人消毒通道。进入生产区的所有人员必须消毒、更衣，所有车辆、箱笼及其他工具必须彻底消毒后才能进入生产区，所有消毒池、消毒盆必须始终保持有效药物浓度。养殖场大门口消毒池深度以没过轮胎为宜，每隔 3 ~ 4 天更换一次消毒液，车辆、人员出入较多，污染快，夏天多雨季节应增加更换次数。

 小知识

养猪场、养鸡场的建筑布局要求

对于规模化养猪场来说，生产区建筑物的布局总体上应按公猪舍、配种舍、妊娠舍、产仔哺乳舍、保育舍、育成育肥舍顺序依次排列。规模较大的猪场最好采取多点式饲养管理模式，即种猪区、保育仔猪区和育肥区分成2个或3个地方分别饲养。

对于规模化养鸡场来说，生产区建筑物布局总体按种鸡舍、孵化室、雏鸡舍、育成鸡舍、商品蛋鸡舍等依次排列。

（二）饲料、饮水、人员、环境卫生

1. 饲料卫生安全

饲料配制科学合理。饲料原料要安全、卫生，不含有毒有害、霉变腐败的成分。饲料储藏间要保持干燥、清洁，防止饲料吸潮霉变；同时储藏间墙壁及地板要坚固，防止蚊、蝇、老鼠进出，减少其所携带的病原菌对饲料的污染。一批饲料要在尽可能短的时间内喂完，保持饲料新鲜及适口性，减少病原菌滋生。

2. 饮用水质量

畜禽饮用水质量直接影响动物健康、产品质量及养殖效益。首先，要保证水源充足，不能出现长时间的断水现象；其次，要保证饮用水的清洁卫生，质量符合饮用水标准；最后，要经常对饮水、送水及盛水器具设备进行彻底消毒，保持器具干净，避免病原微生物等的滋生，减少疾病传播。

3. 工作人员卫生

养殖场工作人员不能随意到其他养殖场参观，更不能到发生疫情的场区，进出场区要严格消毒，饲养员只在自己的饲养舍内，不互相走动。

4. 饲养环境温度及空气质量

养殖舍环境卫生对保持动物健康十分重要。为保证养殖舍空气质量，每天要及时清扫养殖舍及附属设施，清除粪便污物。

养殖环境温度要适宜。冬天做好保暖工作，而夏天要做好防暑降温工作。夏季采用喷雾、加强通风或勤冲洗养殖舍等方法防暑降温，冬季注意防寒保暖、通风换气，同时保持合理的饲养密度，防止动物出现冷、热应激。保持空气质量良好，防止硫化氨、二氧化碳灰尘超标，减少诱发性呼吸道病。

（三）做好养殖场废物、废水处理

养殖场粪便、污水处理工作十分重要，对粪便及污水的及时处理利于防止病原的传播扩散。彻底、有效的机械性清扫可消除环境中 70% ~ 80% 的病原微生物，因此，应坚持每天清除养殖舍内粪便及散落的饲料等污物。如果条件许可，修建养殖场时可以建设沼气池，对粪便及污水进行综合处理、利用。如果资金有限，也应设立污水池，对粪便等污物做堆积发酵或消毒处理，并严禁乱排污水、粪便等污物。病死动物也是养殖场废物的一部分，坚决淘汰治愈无望的患病动物，对病死动物合理而及时地进行处理（如焚烧、深埋、消毒等无害化处理；禁止出售、宰食、乱弃病死动物），利于防止疫病传播、扩散。

（四）做好养殖场卫生防疫和驱虫工作

坚持预防为主、防重于治的原则，切实做好免疫接种工作。经常了解当地及周边地区，乃至国内外动物疫病发生、流行情况，制订出适宜本场的免疫程序。寄生虫影响动物尤其是哺乳动物的采食，与动物争夺营养，造成营养损失、养殖成本增加、养殖效益下降。因此，新购进动物如仔猪应及时进行驱虫，以后每隔 2 个月驱虫 1 次；后备母猪应在配种前驱虫 1 次；母猪在空怀期驱虫 1 次；新引入的家禽也要驱除体内的球虫。

小知识

采取安全周密的隔离措施

对患病动物要及时发现并隔离治疗。通过治疗达到健康要求的动物继续饲养，如果治疗无望，则放弃治疗，严格按养殖场废弃物处理规定，进行深埋、焚烧处理。

（五）定期消毒

除了必须日常消毒外，还要定期用百毒杀、强力消毒灵、2%烧碱、过氧乙酸等消毒剂对圈舍、用具及周围环境进行消毒，每周1～2次。疫病发生时更要注意消毒，疫病发生期间，每天对圈舍、用具及周围环境消毒1～2次。

四、畜禽标识的佩戴与畜禽养殖档案的建立

（一）畜禽标识的佩戴知识

畜禽标识是指经农业农村部批准使用的耳标、电子标签、脚环以及其他承载畜禽信息的标识物。动物卫生监督机构实施产地检疫时，应当查验畜禽标识。没有加施畜禽标识的，不得出具检疫合格证明。

畜禽标识实行一畜一标，编码应当具有唯一性。畜禽标识编码由畜禽种类代码、县级行政区域代码、标识顺序号共15位数字及专用条码组成。猪、牛、羊的畜禽种类代码分别为1、2、3。编码形式为×（种类代码）—××××××（县级行政区域代码）—××××××××（标识顺序号）。

小知识

牲畜耳标的佩戴

畜禽养殖者应当向当地县级动物疫病预防控制机构申请领取畜禽标识，并按照下列规定对畜禽加施标识：

（1）新出生畜禽在出生后30天内加施畜禽标识；30天内离开饲养地的，在离开饲养地前加施畜禽标识；从国外引进畜禽，在畜禽到达目的地10天内加施畜禽标识。

（2）猪、牛、羊在左耳中部加施畜禽标识，需要再次加施畜禽标识的，在右耳中部加施。

（二）畜禽养殖档案的建立

畜禽养殖场、养殖小区应当依法向所在地县级人民政府畜牧兽医行政主管部门备案，取得畜禽养殖代码。每个畜禽养殖场、养殖小区只有一个畜禽养殖代码。畜禽养殖代码由6位县级行政区域代码和4位顺序号组成，作为养殖档案编号。

养殖档案和防疫档案保存时间：商品猪、禽为2年，牛为20年，羊为10年，种畜禽长期保存。

畜禽养殖档案的记录内容

①畜禽的品种、数量、繁殖记录、标识情况、来源和进出场日期。

②饲料、饲料添加剂等投入品和兽药的来源、名称、使用对象、时间和用量等有关情况。

③检疫、免疫、监测、消毒情况。

④畜禽发病、诊疗、死亡和无害化处理情况。

⑤畜禽养殖代码。

⑥农业农村部规定的其他内容。

五、动物检疫基本知识

（一）动物检疫的范围和对象

1.动物检疫的范围

《动物防疫法》第八条和第四十一条明确了动物产地检疫的受检者即动物和动物产品。第三条明确了动物的种类和动物产品的类别，不是任何动物和动物产品都要开展动物产地检疫。

受检动物及动物产品的类别

受检动物包括猪、牛、羊、马、驴、骡、骆驼、鹿、兔、犬、鸡、鸭、鹅、鸽等，以及人工饲养合法捕获的其他动物，包括各种实验、特种经济、观赏、演艺、伴侣、水生动物和人工驯养繁殖的野生动物。受检动物产品包括动物的肉、生皮、原毛、绒、脏器、脂、血液、精液、卵、胚胎、骨、蹄、头、角、筋以及可能传播动物疫病的奶蛋等动物源性产品。

根据我国动物检疫法的规定，凡是在国内收购、交易、饲养、屠宰和进出我国国境和过境的贸易性、非贸易性的动物、动物产品及其运载工具，均属于动物检疫的范围。就农村养殖业来说，人工养殖的畜禽及其产品均需要检疫。

2.动物检疫的对象

- 人畜共患疫病。
- 危害性大而目前预防控制有困难的动物疫病。
- 急性、烈性动物疫病。
- 我国尚未发现的动物疫病。

（二）动物检疫的方式和方法

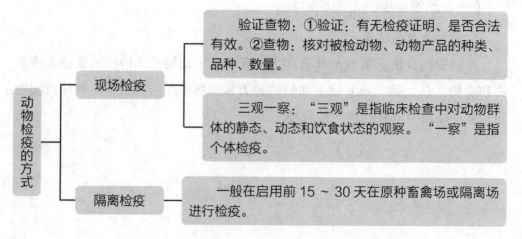

动物检疫的方式

现场检疫
- 验证查物：①验证：有无检疫证明、是否合法有效。②查物：核对被检动物、动物产品的种类、品种、数量。
- 三观一察："三观"是指临床检查中对动物群体的静态、动态和饮食状态的观察。"一察"是指个体检疫。

隔离检疫
- 一般在启用前15～30天在原种畜禽场或隔离场进行检疫。

动物检疫的方法

现场检疫：采用问诊、视诊、触诊、叩诊、听诊和嗅诊等方法，分辨出健康家畜和病畜。

实验室检疫：主要有病原学检查、免疫学检查、病理组织学检查等。

小知识

不合格动物、动物产品的处理

经检疫确定为不合格的动物、动物产品，应做好防疫消毒等无害化处理；无法进行无害化处理的，予以销毁。

单元二
动物疫病控制基础知识

单元提示

1. 动物病理学基础知识。

2. 兽药基础知识。

3. 动物传染病、动物寄生虫病防治基础知识。

一、动物病理学基础知识

（一）动物疫病发生的原因

1. 外界致病因素

生物性致病因素致病特点

一是有一定的潜伏期。不同病原微生物引起的疫病潜伏期长短不同，如猪瘟的潜伏期为 5～7 天，但有的个体可以达到 21 天；新城疫的潜伏期为 3～5 天。

二是对机体有一定的选择性。生物性致病因素侵入机体后是否引发疾病，与病原微生物的数量和毒力及动物本身的抵抗力有关，也与动物的种类（是否易感动物）及侵害机体的部位有关。

三是有持续性和传染性。侵入机体的生物性致病因子会不断地生长、繁殖并产生毒素，产生致病作用，有些病原体可随排泄物、分泌物和渗出物排出体外，传染其他易感动物，造成疾病的传播。

四是有一定的特异性。生物性致病因素可使动物产生特有的免疫反应和特异性的病理变化，部分脏器发生特征性变化。

外界致病因素
- 生物性致病因素：如细菌、真菌、病毒和寄生虫等。
- 化学性致病因素：分外源性化学毒物（如重金属盐、有机磷农药等）和内源性化学毒物（如代谢性酸中毒等）。
- 物理性致病因素：包括温度、光线和放射能、电流、机械性外力、大气压、噪声等。
- 营养性致病因素：分为营养缺乏和营养过剩。
- 其他因素：如自然条件、生活条件等。

小知识

营养缺乏和营养过剩

（1）营养缺乏长期饲料供应不足，动物处于慢性饥饿状态，会引起营养不良、水肿、贫血、全身性萎缩等，最终导致机体衰竭死亡。饲料中缺乏某种特定的营养物质也会引起发病，例如雏鸡日粮中缺乏维生素 E 或微量元素硒，会引起雏鸡脑软化或白肌病。

（2）营养过剩动物因摄食过多的精料也会引起发病，如一次饲喂过多豆类会引起牛急性瘤胃臌气、马急性胃扩张，鸡日粮中蛋白质过多会引起痛风。

2. 内部致病因素

（1）机体防御及免疫功能降低

●屏障功能：外部屏障包括皮肤、皮下组织、肌肉、骨骼等，均具有保护内部重要器官免受外界物理、化学因素的损伤和阻止病原微生物侵入的功能。

●吞噬和杀菌作用：各种吞噬细胞及免疫细胞对进入机体的病原微生物有吞噬和杀灭作用。

●解毒功能：肝脏是机体的主要解毒器官，能将摄入体内的各种毒物，通过生物转化过程进行分解、转化或结合成为无毒或低毒物质排出体外。

●排除功能：消化道可以通过呕吐、腹泻的方式将有害物质排出体外。呼吸道可以通过咳嗽、喷嚏等将呼吸道内的有害物质排出体外等。

●特异性免疫反应：免疫功能是生物在进化过程中为了适应外界条件而形成的一种保护能力。

当上述机体防御及免疫功能降低时，机体就容易发生疾病。

（2）种属因素　不同种属的动物，对同一致病因素反应性不一样。如鸡不感染炭疽，猪不感染牛痘，马不感染猪瘟等。

（3）年龄与性别因素　不同年龄的动物，对同一致病因素反应不同。幼龄动物的神经系统、屏障机构、免疫功能发育不完善，一般来说抵抗力较低，容易患消化道和呼吸道疾病，一旦感染，病情较为严重。成年动物各方面机能发育已经成熟，抵抗力较强。老年动物各种机能减退，抵抗力降低，易患病，得病后一般病势较重，康复也较缓慢。机体性别不同，某些器官组织结构不一样，内分泌也有不同的特点，对致病因素反应性也有差异。

（4）遗传因素　遗传因素的改变，常导致遗传性疾病，如猪和牛的先天性卟啉症等。

（二）动物疾病发生的一般规律和发展过程

1. 动物疾病发生的一般规律

（1）疾病是损伤与抗损伤斗争的结果　损伤与抗损伤对疾病能否发生、发展起着决定性作用，如果损伤占优势，疾病就发展、恶化；抗损伤占优势，疾病就缓解。

损伤和抗损伤反应在一定条件下可以互相转化，如急性肠炎时常出现腹泻，这是机体的抗损伤反应，有助于排出肠腔内的细菌和毒物；但剧烈的腹泻又可引起机体脱水和酸中毒。

（2）疾病过程中的因果转化规律　这种规律贯穿于疾病的整个过程之中，其发展可以是恶性的，疾病愈来愈重甚至死亡；也可以是良性的，最后康复；也可以是恶性与良性交替出现，呈现波浪式的变化。因此，在治疗疾病时，要防止和阻断疾病的"恶性循环"，促进与加强"良性循环"，让发病动物早日康复。

（3）疾病过程中局部与整体的关系　动物机体是一个完整的统一体，局部和整体有着不可分割的关系，任何疾病都是整体性反应。例如，发生皮下脓肿时，局部症状明显，及时切开排脓是完全正确的，但是，如果不考虑局部脓肿对全身的影响，如发热、菌血症和脓毒败血症等，不针对这些影响而采取相应措施，是十分危险的。如当动物发生全身营养不良和某些维生素缺乏症时，组织细胞的再生能力减弱，局部创伤的愈合缓慢。

2. 动物疾病的发展过程

（1）潜伏期　指病原侵入机体到出现一般临床症状前的一段时期。各种疾病的潜伏期不同，可能与病原体和易感动物防御功能有关。如猪瘟潜伏期7～10天，破伤风7天，牛口蹄疫2～4天，狂犬病潜伏期差异较大，一般为2～8周，也可为数月或1年以上。该阶段对疾病不能做出诊断。

（2）前驱期　从疾病出现一般症状到典型症状出现前的一段时期。如动物出现食欲减退、精神沉郁、呼吸脉搏加快等体征，这一阶段动物出现的变化，只能诊断动物患病，而不能确诊其具体的疾病。

（3）临床明显期　继前驱期后到动物全身主要症状或特异性症状出现的一段时期。如发生亚急性猪丹毒时，动物皮肤出现红色疹块等特征性变化。这一时期对疾病诊断具有重要意义。

（4）转归期　指疾病的最后阶段。若机体的防御、代偿适应和修复能力占绝对优势，则疾病逐步好转或痊愈。反之，当病理损伤占绝对优势时，疾病发生恶化甚至造成死亡。

3.动物疾病的转归

（1）完全康复　指患病动物机体的代谢、功能、形态、结构完全修复，达到正常状态。同时各系统、机体与外界环境之间协调关系完全恢复。

（2）不完全康复　指疾病主要症状消失，但机体的功能、代谢和形态结构未完全恢复正常状态。病理反应不明显或已停止，但遗留某些病理状态。如头部皮肤损伤后遗留瘢痕，虽创伤已愈合，但失去生长毛发的功能，汗腺、皮脂腺已不存在。

（3）死亡

●濒死期：动物各系统功能发生严重障碍，脑干以上的中枢神经处于深度抑制状态，各种反射基本消失、粪尿失禁、体温下降、心跳和呼吸微弱。

●临床死亡期：心跳、呼吸完全停止，反射消失，但各组织仍然进行微弱代谢活动。此期有时是可逆的，动物经过及时抢救有复活的可能。

●生物学死亡：是死亡的最后阶段，从大脑皮质至整个中枢神经系统及其他系统器官代谢活动完全停止，出现不可逆的变化，这是真正意义上的死亡。现代医学对死亡提出新的概念，即机体机能永远停止的标志是全脑机能的永远消失，也就是脑死亡。

（三）动物发病时常见的临床表现

1.发热

发热是指机体在致热原的作用下，体温调节中枢的调定点上移，引起产热增多，散热减少，从而呈现体温升高，导致各组织器官的机能和代谢改变的病理过程。发热可划分为体温上升期、高热持续期和退热期三个阶段。

小知识

致热原

凡是能够引起机体发热的各种致热激活物，统称为致热原。最常见的致热原就是各种病原微生物、异体蛋白（如注入的疫苗）和体内的坏死组织。

大多数发热性疾病，体温升高是发病的重要信号，体温变化往往反映了病情变化，这对判断病情、评价疗效和估计预后，都有重要的参考价值。

2. 呼吸困难

呼吸困难是指动物在平静状态下呼吸时感觉氧气不足，呼吸费力，外观上可以看出呼吸加快、加深。健康猪呈胸腹式呼吸，而且每次呼吸的深度均匀，间隔的时间均等，每分钟呼吸的节律为 10 ~ 20 次；出现呼吸困难时，猪头颈部抬高，胸腹部起伏幅度加大，呼吸节律明显变快。呼吸系统发生病变时往往伴有呼吸困难，如发生气管炎、支气管炎和肺炎时，都伴有不同程度的呼吸困难。

3. 脱水

机体由于水和电解质（主要是钠离子）摄入不足或丢失太多，引起体液总量明显减少的现象，称为脱水。饮水障碍、严重呕吐、腹泻、发热、大出汗及过量使用利尿剂时，水分被大量消耗，又得不到及时补充，可造成新陈代谢障碍，严重时会导致虚脱，甚至有生命危险。

小知识

动物脱水主要临床表现

尿少、口渴口干、饮欲增强、皮肤弹性下降；严重脱水时会出现精神沉郁，四肢无力，运动失调；最后会因血液循环障碍，自体中毒而死亡。

4. 发炎

发炎是动物机体局部炎症的俗称，指机体组织受到外伤、出血，或病原微生物感染等刺激而激发的局部反应。其主要表现为局部出现红、肿、热、痛及功能障碍等症状。发炎比较严重时可能同时伴有全身性表现，如全身发热、血白细胞增多或减少、全身单核吞噬细胞系统增生、局部淋巴结肿大和脾肿大等。

炎症的利与弊

炎症是机体的防御反应，对机体是有利的。通过炎症的充血与渗出，使组织获得更多的营养和抗体等，可中和毒素，消灭致炎因子，清除异物和组织碎屑。炎症的增生有助于组织的修复。同时全身反应的发热可以促使机体代谢增强、血液白细胞增多、单核细胞吞噬功能加强、抗体生成增多等。

但炎症也有对机体不利的一面，如慢性关节炎长期不愈，有时关节内组织增生并产生大量纤维组织，引起关节变形，运动障碍。

5. 水肿

水肿是指体液在血管外的细胞间隙或体腔中积聚过多的现象。习惯上将体腔中体液积聚过多称为积水，如胸腔积水、腹腔积水、心包积水；体液在皮下积聚过多称为浮肿。

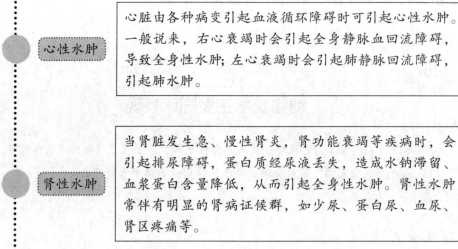

心性水肿：心脏由各种病变引起血液循环障碍时可引起心性水肿。一般说来，右心衰竭时会引起全身静脉血回流障碍，导致全身性水肿；左心衰竭时会引起肺静脉回流障碍，引起肺水肿。

肾性水肿：当肾脏发生急、慢性肾炎，肾功能衰竭等疾病时，会引起排尿障碍，蛋白质经尿液丢失，造成水钠滞留、血浆蛋白含量降低，从而引起全身性水肿。肾性水肿常伴有明显的肾病证候群，如少尿、蛋白尿、血尿、肾区疼痛等。

肝性水肿：肝脏疾病尤其是肝硬化时，导致肝脏合成蛋白减少，灭活抗利尿激素的能力下降，引起低蛋白性水肿。肝性水肿主要表现为腹水。肝性水肿常见肝脾肿大、慢性肝病史和消化不良，以及肝功能指标异常。

营养不良性水肿 又称低蛋白血症，是一种营养缺乏的特殊表现。病因包括慢性消耗性疾病、长期营养不良、慢性消化道疾病以及严重的寄生虫感染等。发生营养不良性水肿时，血液检查常见血红蛋白和血浆蛋白含量降低。

炎性水肿 各种原因引起局部发炎时，因局部充血、血浆渗出常常导致水肿。生物性因素是最常见的致炎因素，包括多种致病性细菌、病毒和寄生虫。物理性因素如低温、高温、机械外伤，以及化学性因素如强酸、强碱及某些刺激性物质同样可引起局部炎性水肿。

6.食欲减退

食欲减退是动物发病的一个常见症状，表现为不想进食或进食量显著减少，甚至不食。

各种感染性疾病和消化系统疾病（如胃肠炎或肠梗阻、肝脏疾病、胆管阻塞及胰腺病变等），均可引起食欲减退。

此外，动物受到强烈的外界刺激，也会出现短暂的食欲减退，如转群转圈、长途运输等，都会出现采食减少甚至废绝。

7.运动机能障碍

（1）跛行

● 疼痛跛行：肢体的任何一个关节或者某块肌肉疼痛，不敢负重行走，患肢膝部微屈，轻轻落地脚尖着地，然后迅速改变健肢负重，步态短促不稳，见于关节炎、骨折、肌肉或软组织发生感染或外伤等。

● 短肢跛行：以足尖落地或健侧屈膝跳跃状行走，跛行姿势比较固定。见于各种外伤或发育障碍的后遗症。

（2）运动能力丧失　又称麻痹或瘫痪，是指骨骼肌随意运动能力丧失，是因为中枢或外周运动神经元或外周运动神经纤维受损所致。

（3）运动过强

又称痉挛，根据其表现形式，可分为：

●强直性痉挛（角弓反张）：表现为伸肌和屈肌都处于高度紧张状态，常使机体保持一种强迫的姿势，多见于脑炎、破伤风。

●阵发性痉挛：表现为肌肉收缩和弛缓交替出现的一种断续的、有节奏的不随意运动。常见于恶性传染病，如中毒、脑缺血等。

●震颤：表现为伸肌和屈肌快速、有节奏地交替收缩。

●战栗：肌肉的部分肌纤维有节奏地痉挛性收缩，见于严重高热或伴有剧烈疼痛的疾病。

（4）共济失调　表现为机体静止时站立不稳，四肢叉开，倚墙靠壁，运动时步态失调，行走如醉，高抬肢体似涉水状。多见于脑炎、脑脊髓炎和某些中毒病。

二、兽药基础知识

（一）兽药的概念及分类

兽药是指用于预防、治疗、诊断动物疾病或有目的地调节动物生理机能、促进动物生长、繁殖和提高生产效能的物质。

饲料药物添加剂是指饲料添加剂中的药物成分，亦属于兽药的范畴。

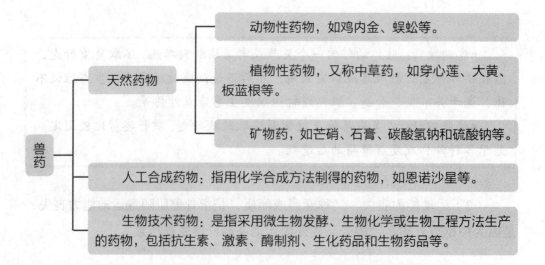

（二）兽药作用和用法

1.兽药作用

（1）局部作用和全身作用　根据药物作用部位的不同，在用药部位呈现作用的，称为局部作用，如普鲁卡因的局部麻醉作用；在药物吸收进入血液循环后呈现作用的，称为吸收作用或全身作用，如肌内注射安乃近后所产生的解热镇痛作用。

（2）直接作用和间接作用　从药物作用的顺序来看，药物进入机体后首先发生的原发性作用，称为直接作用；由于药物直接作用所产生的继发性作用，称为间接作用。例如，强心剂能直接作用于心脏，加强心肌的收缩力（直接作用）；由于心脏机能活动加强，血液循环改善，肾血流量增加，从而间接产生利尿作用（间接作用）。

（3）药物作用的选择性　药物进入机体后对各组织器官的作用并不一样，在适当剂量时对某一或某些组织或器官的作用强，而对其他组织或器官作用弱或没有作用，此即药物作用的选择性。例如，麦角新碱可选择性兴奋子宫平滑肌，而对支气管平滑肌没有作用。

选择性高的药物，往往不良反应较少，疗效较好，可有针对性地用来治疗某些疾病。如抗感染药可选择性地抑制或杀灭侵入动物体内的病原体（如细菌或寄生虫），而对动物机体没有明显的作用，故可用来治疗相应的感染疾病。选择性低的药物，往往不良反应多，毒性较大。如消毒药选择性很低，可直接破坏动物机体组织中的原生质，只能用于体表、环境、器具的消毒，不能体内应用。

2.兽药作用的两重性

治疗作用
- 对因治疗：消除疾病的病因治疗作用，称对因治疗。例如使用抗菌药物、抗寄生虫药物等杀灭、抑制侵入动物机体的病原菌、寄生虫；补充氨基酸、维生素等治疗某些代谢病等都属于对因治疗。
- 对症治疗：改善疾病症状的治疗作用，称对症治疗。例如解热镇痛药解热镇痛，止咳药减轻咳嗽，利尿药促进排尿等都属于对症治疗。对症治疗不能从根本上消除病因，但在某些危重症状，如休克、心力衰竭、窒息、惊厥等出现时，应首先对症治疗，以解除危急症，再对因治疗。

不良反应

副作用：药物在治疗剂量下出现的与治疗目的无关的作用，称为副作用。一般反应较轻，常可预知并可设法消除或纠正。

毒性作用：通常是由于使用不当，如剂量过大或使用时间过长引起，故应特别注意避免。

过敏反应：某些动物个体对某种药物表现出的特殊不良反应，称为过敏反应。如用药后动物出现皮疹、皮炎、发热、哮喘及过敏性休克等异常免疫反应，一般只发生于少数个体。

继发性反应：由于药物治疗作用的结果，而间接带来的不良反应，称为继发性反应。例如长期应用广谱抗生素，抑制了许多敏感菌株，而某些抗药性菌株和真菌却大量繁殖，使肠道正常的菌群平衡被破坏，引起消化紊乱、继发肠炎或真菌病等新的疾病，这一继发性反应亦称为"二重感染"。

3. 兽药用法

（1）注意动物的种属、年龄、性别和个体差异

1）种属差异　动物种属不同，对同一药物的反应存在一定差异。多为量的差异，少数发现为质的差异。如扑热息痛对羊、兔等动物是安全有效的解热药，但用于猫，即使很小剂量也会引起明显的毒性反应。

2）年龄、性别差异　一般说来，幼龄、老龄动物对药物的敏感性较高，用药量应适当减少；母畜比公畜对药物的敏感性要高，特别是对妊娠期和哺乳期母畜，使用药物必须考虑母畜的生理特性。

3）个体差异　同种动物中的不同个体，对药物的敏感性也存在差异，称为个体差异。如青霉素等药物可引起某些动物的过敏反应等，临床用药时应予注意。

另外，家畜营养不良、体质衰弱、劳役过度等，对药物的敏感性一般会增高，不良反应也较强烈，临床用药时应注意。

（2）注意给药途径、剂量与疗程

1）给药途径　不同的给药途径可直接影响药物的吸收速度和血液中的药物浓度（简称血药浓度）的高低，从而决定着药物作用出现的快慢、维持时间长短和药效的强弱，有时还会引起药物作用性质的改变。故临床上应根据

病情缓急、用药目的及药物本身的性质来确定适宜的给药途径。对危重病例，宜采用注射给药；治疗肠道感染或驱除肠道寄生虫时，宜内服给药。

2）剂量　药物的剂量是决定药物效应的关键因素，用药量小达不到治愈目的，用量过大则会引起中毒甚至死亡，必须严格掌握药物的剂量范围，并按规定的时间和次数用药。

3）疗程　疗程的长短取决于动物疾病性质和病情需要。一般而言，对症治疗药物如解热药、利尿药、镇痛药等，一旦症状缓解或改善，可停止使用或进一步做对因治疗；而对动物感染细菌、病毒、支原体等传染病时，一定要治疗彻底，疗程要足够，一般要用药3～5天，疗程不足或症状改善即停止用药，一是易导致病原体产生耐药性，二是疾病易复发。

常用药物的配伍禁忌

①青霉素不能与卡拉霉素、土霉素、四环素、红霉素、氨茶碱、碳酸氢钠液、促皮质素、维生素K_3、盐酸氯丙嗪、麦角新碱、催产素配伍。

②硫酸链霉素不能与磺胺嘧啶钠、氨茶碱、氯化钙、可的松、巴比安钠、脑下垂体后叶素配伍。

③硫酸庆大霉素不能与磺胺嘧啶钠、可的松、头孢菌素配伍。

④磺胺嘧啶钠不能与红霉素、卡拉霉素、硫酸链霉素配伍。

⑤肾上腺素不能与氨茶碱、氯化钾、碳酸氢钠、巴比妥等配伍。

⑥氨茶碱注射液不能与山梗菜碱、促皮质素、巴比妥、硫酸镁、苯海拉明、麦角新碱等配伍。与三磷腺苷、辅酶A、细胞色素C、可的松、阿托品、东莨菪碱、催产素配伍后，虽然溶液澄明，但效价要降低。

⑦硫酸阿托品不能与氨茶碱、利多卡因、磺胺嘧啶钠、碳酸氢钠、金霉素、卡拉霉素等配伍。

⑧维生素C针剂不能与红霉素、四环素、促皮质素、巴比妥、氯丙嗪配伍。与碳酸氢钠、肾上腺素配伍虽无沉淀，但要降低效价。

⑨尼可刹米不能与磺胺嘧啶、促皮质素配伍。

⑩氯化钙注射液不能与红霉素、卡拉霉素、硫酸链霉素配伍。

⑪催产素不能与麦角新碱、青霉素配伍。

⑫盐酸普罗卡因不能与硫酸镁、维生素 K_3、地塞米松、辅酶、肾上腺素、磺胺嘧啶钠、链霉素等配伍。

⑬呋塞米与水合氯醛配伍可引起心动过速与血压下降。

⑭氯化铵不能与碱性药、磺胺药及排钾性利尿药配伍。

⑮麻黄素不能与含银、铅盐类配伍,用药数小时内勿用肾上腺素,以免中毒。

兽医人员如有不清楚,应细查理化配伍禁忌表。

（3）常见的用药误区

1）随意配伍,加大剂量　虽然有些药物配伍有增强疗效的作用,但药物配伍不能随意,如磺胺类药与青霉素合用,会降低青霉素的效果;磺胺类药与维生素 C 合用,会产生沉淀。另外,随意加大用药剂量也会导致畜禽中毒,甚至造成死亡。

2）接种疫苗时同时使用抗菌或抗病毒药　接种菌苗或病毒苗时使用抗菌或抗病毒药,会使免疫效果降低甚至消失,畜禽在接种菌(病毒)苗的前后3天,应禁用抗菌（病毒）药物。因疾病必须使用时,应于康复后重复接种 1 次。

3）青霉素万能　个别养殖户,一旦发现畜禽出现发热、停食等现象,就不加分析和诊断,盲目注射或口服青霉素。

4）认为抗菌药物就是退热药　虽然病畜禽发热可能是由病菌感染引起的,但由病毒所致伤风感冒也发热,此时使用抗菌药物就毫无作用,改用解热镇痛的药,则效果很明显;而由原虫引起的发热,要用抗原虫的药才有效。

5）不能坚持按疗程用药　每一种病都有一定的潜伏期、前驱期、临床明显期、转归期,而有些养殖户则希望有病马上治,用药一天就见疗效,如果没有效果,就认为不对症而马上改用其他药,反复换用抗生素,治好了靠运气,治不好则失去最佳治疗机会,造成畜禽死亡。所以治疗疾病时不可求快,一定要维持疗程用药。

6）随意应用抗菌药物进行长期预防　如用土霉素、氟苯尼考、头孢菌素、磺胺类药等。有的一种药长期使用,有的几种药交替使用。如此滥用抗菌药物非但预防效果不明显,反而会因为长期使用抗菌药物而杀灭大部分有益菌群，致使畜禽的消化道功能紊乱、呼吸道免疫功能紊乱、全身性免疫功能失调。同时大部分耐药菌株乘虚而入引起感染，一旦发病治疗难度很大，用这种方式饲养的畜禽药物残留也较大。

三、动物传染病防治基础知识

凡是由致病微生物引起的，具有一定潜伏期和临床症状，并具有传染性的病症，都称为传染病。

（一）传染病流行过程中的基本环节

1.传染源

传染源（亦称传染来源）是指体内有病原体寄居、生长、繁殖，并能将其排到体外的动物。具体来说，传染源就是受感染的动物，包括患病动物和病原携带者两种类型。

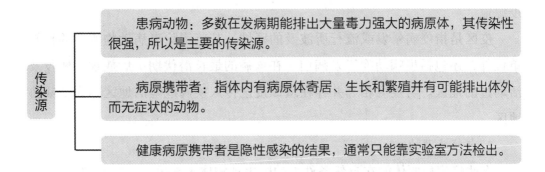

传染源
- 患病动物：多数在发病期能排出大量毒力强大的病原体，其传染性很强，所以是主要的传染源。
- 病原携带者：指体内有病原体寄居、生长和繁殖并有可能排出体外而无症状的动物。
- 健康病原携带者是隐性感染的结果，通常只能靠实验室方法检出。

2.传播途径

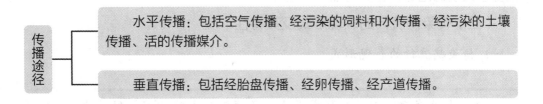

传播途径
- 水平传播：包括空气传播、经污染的饲料和水传播、经污染的土壤传播、活的传播媒介。
- 垂直传播：包括经胎盘传播、经卵传播、经产道传播。

3.动物的易感性

动物的易感性是指动物对于某种病原体感受性的大小。

影响因素

内在因素：不同种类的动物对于同一种病原体的易感性有很大差异。

外界因素：饲养管理、卫生状况等因素，也能在一定程度上影响动物的易感性。

特异免疫状态：动物个体不同，特异性免疫状态不同。畜群如有70%～80%的动物具有某种疾病的获得特异性免疫力，这种疾病就不会在该畜群大规模暴发式流行。

（二）疫源地和自然疫源地

1. 疫源地

有传染源存在或被传染源排出的病原体污染的地区，称为疫源地。根据疫源地范围大小，可分为疫点和疫区。

疫点是指发生疫病的自然单位（圈、舍、场、村），在一定时期内成为疫源地。

疫区是指疫病暴发或流行所波及的区域，其范围除患病动物所在的自然单位外，还包括患病动物于发病前（在该病的最长潜伏期）后放牧、使役及活动过的地区。与疫区相邻并存在从该疫区传入疾病危险的地区称为受威胁地区。

2. 自然疫源地

有些疫病病原体能在自然条件下的野生动物体内繁殖，在它们中间传播，并在一定条件下可传染给人和家畜的疾病，称为自然疫源性疾病。存在自然疫源性疾病的地方，称为自然疫源地。

（三）传染病流行的表现形式及其特性

1. 传染病流行的表现形式

●散发性病例：以散在形式发生，各病例在发病时间与发病地点上没有明显的联系时，称为散发。

●地方流行性：某种疾病发病数量较大，但其传播范围限于一定地区，称为地方流行。

●流行性：没有一个病例的绝对数量概念，仅是指疾病发生频率较高的一个相对名词。

●大流行：某种疾病在一定时间内迅速传播，发病数量很大，蔓延地区很广，可传播全省、全国，甚至可涉及几个国家，称为大流行。

2. 传染病流行特性

某些疾病在每年一定的季节内发病率明显升高的现象，称为流行过程的季节性。

某些动物传染病规律性地间隔一定时间发生一次流行的现象，称为动物传染病的周期性。

（四）动物传染病的防控措施

预防、控制和扑灭动物传染病，必须采取"养、防、检、治"综合防控措施。动物防疫员则要坚持"预防为主，养防结合，防重于治"的方针。

1. 疫区封锁措施

●一是在封锁区边缘地区，设立明显警示标志，在出入疫区的交通路口设置动物检疫消毒站；在封锁期间，禁止染疫和疑似染疫动物、动物产品流出疫区，并根据扑灭传染病的需要对出入封锁区的人员、运输工具及有关物品采取消毒和其他限制性措施。

●二是对病畜和疑似病畜使用过的垫草、残余饲料、粪便污染物等采取集中焚烧或深埋等无害化处理措施。

●三是对染疫动物污染的场地、物品、用具、交通工具、圈舍等进行严格彻底消毒。

●四是暂停畜禽的集市交易和其他集散活动。

●五是在疫区，根据需要对易感动物及时进行紧急预防接种。

●六是开展杀虫、灭鼠工作。

●七是对病死的动物进行无害化处理。

2. 受威胁区应采取的措施

●一是对易感动物进行紧急免疫接种。

●二是管好本区人、畜，禁止出入疫区。

●三是加强环境消毒。

●四是加强疫情监测，及时跟进掌握疫情动态。

●五是在最后一头患病动物急宰、扑杀或痊愈并且不再排出病原体时，经全面、彻底地终末消毒，再经动物防疫监督机构验收后，由原决定封锁机关宣布解除封锁。

（五）人畜共患传染病

人畜共患传染病分为两类：一类为病毒性人畜共患传染病，如口蹄疫、禽流感、狂犬病等；另一类为细菌性人畜共患传染病，如布鲁杆菌病、结核病等。

人畜共患传染病综合防治原则

一是定期做好动物检疫工作，即能有效地控制共患病的发生与流行。

二是对检出的感染动物及其产品，必须按国家规定进行处理，不能因为经济等原因而放任不管。

三是牧民、饲养员、兽医、动物性食品加工人员、卫生防疫人员、地质工作者和军队有关人员以及从事实验室的医学工作者，是人畜共患病的高危人群，他们应该作为检查和治疗的重点。

四是加强人畜粪便及动物废弃物的管理，搞好饮、食品的卫生监督是切断由动物传染至人群途径的重要措施。

五是提供相应的免疫接种可提高其免疫力。

四、动物寄生虫病防治基础知识

（一）寄生虫病的传播

由于寄生虫寄生于宿主体内、外所引起的疾病，称为寄生虫病。

寄生虫病的传播和流行，必须具备传染源、传播途径和易感动物三个基本环节，切断或控制其中任何一个环节，就可以有效地防止寄生虫病的发生与流行。

1. 传染源

指寄生有某种寄生虫的宿主。病原体（虫卵、幼虫、虫体）通过宿主的血液、粪便及其他分泌物、排泄物不断排到体外，污染外界环境，然后经过发育，经一定方式或途径侵入易感动物，造成感染。

2. 传播途径

指来自传染源的病原体，经一定方式再侵入其他易感动物所经过的途径。

寄生虫感染宿主的主要途径

①经口腔进入宿主体内，如蛔虫、旋毛虫、球虫等。

②经皮肤进入宿主体内，如钩虫、血吸虫、猪肾虫等。

③接触感染，属于这种传播方式的主要是一些体外寄生虫，如蜱、螨、虱等。

④经节肢动物感染即寄生虫通过节肢动物叮咬、吸血而传给易感动物的方式。这类寄生虫主要是一些血液原虫和丝虫等。

⑤经胎盘感染，如弓形体等。

⑥某些寄生虫产生的虫卵或幼虫不需要排到宿主体外，即可使原宿主再次遭受感染，这种感染方式称为自身感染。例如猪带绦虫的患者呕吐时，可使孕卵节片或虫卵从宿主小肠逆行入胃，使原患者再次遭受感染。

3. 易感动物

指某种寄生虫可以感染、寄生的动物。

（二）寄生虫病防治措施

1. 控制和消灭传染源

有计划地定期进行预防性驱虫是控制和消灭传染源的重要方法。

驱虫原则

一要注意药物的选择，要选择高效、低毒、广谱、价廉、使用方便的药物。

二要注意驱虫时间的确定，一般应在虫体性成熟前驱虫，防止性成熟的成虫排出虫卵或幼虫，污染外界环境；或在秋冬季驱虫，此时驱虫有利于保护畜禽安全过冬。另外，秋冬季外界寒冷，不利于大多数虫卵或幼虫存活发育，可以减少对环境的污染。

三要在有隔离条件的场所进行驱虫。

四要在驱虫后及时收集排出的虫体和粪便，用"生物热发酵法"进行无害化处理，防止散播病原。

五要在组织大规模驱虫、杀虫工作前，先选小群动物做药效及药物安全性试验，在取得经验之后，再全面开展。

2. 切断传播途径的主要方法

生物法：最常用的方法是粪便堆积发酵和沼气发酵，利用生物热杀灭随粪便排出的寄生虫虫卵、幼虫、绦虫节片和卵囊等，防止病原随粪便散播。

物理法：逐日打扫厩舍，清除粪便，减少宿主与寄生虫卵、幼虫、中间宿主、传播媒介的接触机会，减少虫卵、幼虫、中间宿主、传播媒介污染饲料、饮水的机会；保持动物厩舍空气流通、光照充足、干燥，动物厩舍和活动场地做成水泥地面，破坏寄生虫及中间宿主的发育、滋生地。也可人工捕捉中间宿主、传播媒介和外寄生虫。

化学法（药物法）：用杀虫药喷洒动物圈舍、活动场地及用具等，杀灭各发育阶段的虫体、传播媒介和中间宿主等。

加强肉品
卫生检验

对于经肉传播的寄生虫病，特别是肉源性人畜共患寄生虫病，如旋毛虫病、猪囊虫病等，应加强肉品卫生检验，对检出的寄生虫病病肉，要严格按照规定，采取高温、冷冻或盐腌等措施无害化处理，杀灭病原体，防止病原散播及感染人畜。

3. 保护易感动物

保护易感动物是指提高动物抵抗寄生虫感染的能力和减少动物接触病原体、免遭寄生虫侵袭的一些措施。

小
知识

减少动物遭受寄生虫侵袭的措施

加强饲养管理，防止饲料、饮水、用具等被病原体污染；在动物体上喷洒杀虫剂、驱避剂，防止吸血昆虫叮咬等。

单元三
动物防疫专业知识与技术

单元提示

1. 动物防疫消毒技术、兽用疫苗基本知识与管理技术、预防接种技术。。
2. 疫情巡查与报告。
3. 兽医病料样品的采集与送检。
4. 患病动物的处理。

一、动物防疫消毒技术

（一）消毒相关知识

| 消毒 | 指杀灭或清除病原微生物，使之减少到不能再引起发病的一种手段。 |

| 灭菌 | 指将所有微生物，包括病原微生物和非病原微生物全部杀灭或清除。消毒不一定能达到灭菌的要求，灭菌一定能达到消毒目的。 |

| 预防性消毒 | 指在未发生疫情和未发现传染源的情况下，对有可能被病原微生物污染的物品、场地和人员等进行消毒。一般指养殖场的日常消毒工作。 |

| 疫源地消毒 | 指养殖场发生疫情，存在传染源时进行的消毒。 |

| 终末消毒 | 指对发生疫情的动物群进行扑杀、隔离或发病动物痊愈、疫情得到有效控制后，在解除封锁前进行的全面彻底消毒。确保今后不再复发此类疫病。 |

（二）常用的消毒方法

1. 物理消毒法

| 高温加热 | 常用的有煮沸消毒、高压蒸汽消毒等。煮沸消毒在动物生产中广泛应用，一般细菌在100℃开水中煮沸3~5分即可杀死，在60~80℃热水中30分死亡。但煮沸2小时基本可杀灭所有的传染病病原体。高压蒸汽消毒广泛用于培养基、玻璃、金属器械、病料等的消毒，通常121℃、30分可彻底杀死细菌和芽孢。使用高压蒸汽消毒时必须充分排出灭菌锅里的冷空气，同时避免灭菌物品填塞太满，减弱灭菌效果。 |

| 日光照射 | 多数微生物不能抵抗日光，在日光直射下，不少芽孢和病毒都被杀死，仅起辅助作用。 |

| 焚烧消毒 | 将养殖场被病原微生物污染的粪便、垫草、剩余饲料、尸体等废物堆积后加入助燃剂如酒精或汽油，使之完全燃烧，以破坏病原微生物。只要燃烧彻底，消毒效果就会比较好，但此法会造成环境污染。 |

| 火焰消毒 | 以煤油或柴油为燃料，用火焰消毒器等进行消毒。火焰消毒器的火焰中心温度可达300℃，对鸡舍的墙壁、地面进行火焰消毒能迅速杀灭其表面及缝隙内的病原微生物，因此火焰消毒杀菌更彻底。 |

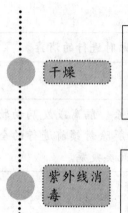

| 干燥 | 使病原微生物水分快速蒸发，微生物过度丢失水分就会影响其代谢而死亡，但效果次于日光照射。各种病原微生物因干燥而死亡所需时间各有不同，其中芽孢杆菌的存活时间比较长。 |

| 紫外线消毒 | 主要用于空气和物体表面消毒。其效果取决于细菌的耐受性、紫外线密度及照射时间。真菌和芽孢对紫外线照射耐受力强于繁殖体。紫外线以直射式效果较好。 |

2. 化学消毒法

化学消毒法比一般的消毒方法速度快、效率高，能在数分内将病原抑制或杀死。常采用消毒液浸泡、喷雾、熏蒸等方法，是当前畜牧业生产中应用最广泛、研究最多的消毒方法。常用的包括石灰水、草木灰水、2% ~ 5%的烧碱溶液、2%~5%的过氧乙酸溶液、复合酚溶液等。

3. 生物消毒法

所谓生物消毒法，就是对养殖场的粪便、污水及其他废弃物进行生物发酵处理。生物消毒法操作比较简单，而且无公害，已被广泛应用。

EM 原液

EM原液是由光合细菌、乳酸菌群、酵母菌群等多种微生物组成，采用独特发酵工艺把仔细筛选出来的好气性和嫌气性有益微生物混合培养，形成功能强大的EM制剂。

EM原液能广泛用于养殖业，能有效防治疾病，促进生长，能消除环境恶臭，抑制有害病原菌增殖。

（三）常用化学消毒剂种类及配制方法

1. 常用消毒剂

●醇类，如乙醇、苯氧乙醇。

●醛类，如甲醛、戊二醛。

●酸类，如乳酸、乙酸。

●碱类，如氢氧化钠（烧碱）、生石灰。注意：用烧碱消毒畜禽圈舍地面后6～12小时，应再用清水冲洗干净，以免引起畜禽肌蹄、趾足和皮肤灼伤。

●卤素类，如含消毒剂、碘类消毒剂。

●氧化剂，如高锰酸钾、过氧乙酸、过氧化氢。

●酚类，如苯酚、来苏儿、复合酚，禁止与碱性药剂或者其他消毒剂混用，稀释水温不宜低于8℃。

●季铵盐类，如新洁尔灭、百毒杀。

小知识

甲醛＋高锰酸钾（氧化剂）熏蒸消毒

根据不同的要求，用药浓度分为三级（按每立方米空间计）：

（1）一级浓度　福尔马林14毫升、高锰酸钾7克、水7毫升，用于消毒种蛋。

（2）二级浓度　福尔马林28毫升、高锰酸钾14克、水14毫升。

（3）三级浓度　福尔马林42毫升、高锰酸钾21克、水21毫升。

污染较轻的空间采用一级浓度，污染严重的空间采用二级浓度，甚至三级浓度。

注意事项：配药时，先将高锰酸钾放入容器内，再加福尔马林。容器最好用耐热的搪瓷或陶瓷制品。消毒时，密闭门窗7小时以上，可达到消毒目的。然后开窗通风20～30分，消除残余气味。或在甲醛熏蒸后，用浓氨水（2～5毫升/米³）加热蒸发消除甲醛气味。

2. 消毒剂配制方法

（1）十字交叉法　例如一瓶酒精的原浓度为95%，要配成75%的浓度。

配制方法：取95%的酒精75毫升放在有刻度的量筒（杯）内，加蒸馏水到95毫升混匀即可。

（2）分量及百分比配制方法　例如现有37%的甲醛，需配制成4%的甲醛溶液。

配制计算公式：

V（加水份数）=C_1（药物原有浓度）÷C_2（要配制的浓度）-1 = 37÷4-1 = 8.25。

配制方法：取1份37%的甲醛，加水8.25份，混合均匀，即成4%的甲醛溶液。

（3）按要求比例配制方法

1）固体消毒剂配制方法　例如配制8 000毫升使用浓度为1：800的消特灵药液，需消特灵粉剂多少？

配制计算公式：

G［需用药量（克）］=V［配制体积（毫升）］×C［配制浓度］=8 000×1/800=10（克）

配制方法：取消特灵粉剂10克置于容器中，加水至8 000毫升混匀即可。

2）液体消毒剂配制方法　例如配制2 000毫升使用浓度为1：200的蓝光消毒药液，需此消毒剂原液多少毫升？

配制计算公式：

V［需用药量（毫升）］=V［配制容量（毫升）］×C［配制浓度］=2 000×1/200=10（毫升）

配制方法：将A、B液各取5毫升置于容器中反应3～5分后加水至2 000毫升即可。

（4）三溶液浓度平衡法　例如市售过氧乙酸浓度为17%，配制3 000毫升使用浓度为0.2%的过氧乙酸，需要加入17%的过氧乙酸和水各多少毫升？

配制计算公式：

C_1（原药物浓度）×V_1（原药物体积）=C_2（要配的药物浓度）×V_2（要配的药物体积）

$V_1 = C_2 \times V_2 \div C_1 = 3\,000 \times 0.2\% \div 17\% = 35.29$ （毫升）

配制方法：

在容器内先加入 17% 的过氧乙酸 35.29 毫升，再加入（3 000−35.29）= 2 964.71（毫升）水混匀即可。

（四）影响消毒效果的因素及消毒剂的合理使用

1. 影响消毒效果的因素

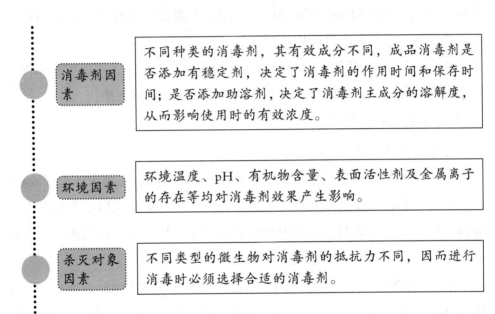

消毒剂因素：不同种类的消毒剂，其有效成分不同，成品消毒剂是否添加有稳定剂，决定了消毒剂的作用时间和保存时间；是否添加助溶剂，决定了消毒剂主成分的溶解度，从而影响使用时的有效浓度。

环境因素：环境温度、pH、有机物含量、表面活性剂及金属离子的存在等均对消毒剂效果产生影响。

杀灭对象因素：不同类型的微生物对消毒剂的抵抗力不同，因而进行消毒时必须选择合适的消毒剂。

2. 合理使用消毒剂应注意的问题

（1）正确选择、配伍消毒剂　选择有正规国家批准文号的消毒剂。另外，某些消毒剂互相作用后会失去消毒效果或产生副作用，应注意。

（2）安全使用消毒剂

●一是使用有刺激性、毒性气体的消毒剂时要戴口罩或防毒面具等防护用品。

●二是在配置和使用有刺激性、腐蚀性的消毒剂时要戴胶皮手套等防护用品，防止药物溅到皮肤。

●三是在使用易爆易燃性的消毒药物时一定要按规定小心操作。

●四是在带动物消毒时应选择对人、动物都比较安全的消毒剂，选择使用浓度低且消毒效果好的消毒剂。

（3）喷雾消毒　注意喷雾消毒时用药量不准或喷雾不均匀，消毒效果很低，甚至无效；未选用配套的消毒器械，如养殖动物存栏量较大却选用小型喷雾器或农用小型农药喷雾器进行消毒，消毒效果不佳。

（4）紫外线消毒　在无动物的空畜禽舍经 12 小时左右的紫外线照射消毒效果很好，但在消毒后要对紫外线照射不到的地方单独用其他方法消毒。

（5）生石灰、漂白粉消毒　生石灰加水后形成强碱才能发挥杀灭病原的作用，使用生石灰时必须配成 10% ~ 20% 的水溶液进行消毒；漂白粉属于含氯消毒剂，使用时需要按比例配成消毒药液。

（6）消毒池的管理　所有进入养殖场的人员、车辆必须经过消毒池并与消毒药液充分接触。消毒池中的消毒药液要按规定及时更换。

（五）养殖场所消毒

1. 畜禽舍的消毒

（1）清扫　为了避免尘土及微生物飞扬，清扫时应先用水或消毒液喷洒，然后进行清扫，主要清除粪便、垫料、剩余饲料、灰尘及墙壁和顶棚上的蜘蛛网、尘土等。扫除的污物集中进行焚烧或生物热发酵。污物清除后，如是水泥地面，还应进行清水冲洗。

（2）喷洒消毒药或进行熏蒸　畜禽舍清扫和冲洗干净后，即可用消毒药物进行喷洒或熏蒸。喷洒时，消毒液的用量为每平方米泥土地面、运动场 1.5升左右。消毒时应按一定顺序进行，一般从离门远处开始，将墙壁、顶棚喷洒一遍后，再从内向外将地面重复喷洒 1 次，关闭门窗 2 ~ 3 小时，然后打开门窗通风换气，再用清水冲洗饲料槽、地面等，将残余的消毒剂清洗干净。另外，在进行畜禽舍消毒时，也应将畜禽舍附近以及饲养用具等进行消毒。

（3）设置消毒池　在养殖场大门口应该设置消毒池，长 2 米以上，与大门等宽，水深 10 ~ 15 厘米，内放入 2% ~ 3% 的氢氧化钠溶液等，以便人、车进出时进行消毒。消毒池内消毒液应及时更换，使用时间一般不超过 1 周。

（4）污水的消毒　如果污水的量比较小，可混合在粪便中一起处理。如水源被污染，应根据具体情况永久或暂时封闭水源，或进行化学处理。

（5）粪便的消毒　畜禽粪便中含有一些病原微生物和寄生虫虫卵，尤其是患有传染病的畜禽，含有微生物及寄生虫虫卵的数量会更多。常用的消毒方法有掩埋法、焚烧法、化学消毒法和发酵法等。

2.养殖场工作人员的消毒

工作人员在工作结束后，尤其在场内发生疫病时，必须经消毒后方可离开现场，以免引起病原在更大范围内扩散。具体消毒方法是：将穿戴的工作服、帽及器械物品泡于有效化学消毒液中，工作人员的手及皮肤裸露部位用消毒液擦洗、浸泡一定时间后，再用清水清洗掉消毒药液。对接触过烈性传染病的工作人员可采用有效抗生素预防。平时的消毒可采用消毒药液喷洒法，不需浸泡。直接将消毒液喷洒于工作服、帽上；工作人员的手及皮肤裸露处以及器械、物品，可用蘸有消毒液的纱布擦拭，而后再用水清洗。

3.饮水和空气的消毒

（1）饮水的消毒

●物理消毒法：主要是煮沸消毒法、紫外线消毒法、超声波消毒法、磁场消毒法、电子消毒法等，最常用的是煮沸消毒法。

●化学消毒法：主要有含氯消毒剂、碘消毒剂、溴消毒剂、臭氧消毒法等，其中以含氯消毒剂应用于水消毒最为广泛、安全、经济、便利、效果可靠。

（2）空气的消毒　空气消毒最简便的方法是通风，这是减少空气中细菌数量极为有效的方法；其次是利用紫外线杀菌或甲醛气体熏蒸等化学药物进行消毒。

二、兽用疫苗基本知识与管理技术

（一）疫苗基本知识

由病原微生物、寄生虫以及其组分或代谢产物所制成的、用于人工自动免疫的生物制品，称为疫苗。

由细菌、病毒、立克次体、螺旋体、支原体等完整微生物制成的疫苗，称为常规疫苗。常规疫苗分为活疫苗、灭活疫苗、类毒素和多价苗与联苗。

1.活疫苗

活疫苗是指用通过人工诱变获得的弱毒株，或者是自然减弱的天然弱毒株（但仍保持良好的免疫原性），或者是异源弱毒株所制成的疫苗，如猪瘟活疫苗等。

活疫苗的优缺点

（1）活疫苗的优点

①免疫效果好：活疫苗用量较少，而机体所获得的免疫力比较坚强而持久；

②接种途径多：可通过滴鼻、点眼、饮水、口服、气雾等途径，刺激机体产生细胞免疫、体液免疫和局部黏膜免疫。

（2）活疫苗的缺点

①可能出现毒力返强；

②贮存、运输要求条件较高，一般冷冻干燥活疫苗，需-15℃以下贮藏、运输，因此必须配备低温贮藏、运输设施进行低温贮藏、运输，才能保证疫苗质量；

③免疫效果受免疫动物用药状况影响，活疫苗接种后，疫苗菌毒株在机体内有效增殖，才能刺激机体产生免疫保护力，如果免疫动物在此期间用药，就会影响免疫效果。

2. 灭活疫苗

灭活疫苗是选用免疫原性良好的细菌、病毒等病原微生物经人工培养后，用物理或化学方法将其杀死（灭活），使其传染因子被破坏但仍保留其免疫原性所制成的疫苗。灭活疫苗根据所用佐剂不同又可分为氢氧化铝胶佐剂、油乳佐剂、蜂胶佐剂等灭活疫苗。

灭活疫苗的优缺点

（1）灭活疫苗的优点

①安全性能好，一般不存在散毒和毒力返祖的危险；

②贮藏和运输条件，2～8℃易于贮藏和运输；

③受母源抗体干扰小。

（2）灭活疫苗的缺点

①接种途径少：主要通过皮下或肌内注射进行免疫。

②产生免疫保护所需时间长：由于灭活疫苗在动物体内不能繁殖，因而接种剂量较大，产生免疫力较慢，通常需2～3周后才能产生免疫力，故不适用于紧急免疫。

③疫苗吸收慢，注射部位易形成结节，影响肉品质量。

3. 类毒素

将细菌在生长繁殖中产生的外毒素，用适当浓度（0.3%～0.4%）的甲醛溶液处理后，其毒性消失而仍保留其免疫原性，称为类毒素。类毒素经过盐析并加入适量的磷酸铝或氢氧化铝胶等，即为吸附精制类毒素，注入动物机体后吸收较慢，可较久地刺激机体产生高滴度抗体以增强免疫效果。如破伤风类毒素，注射一次，免疫期1年，第二年再注射一次，免疫期可达4年。

4. 多价苗与联苗

多价苗是将同一种细菌（或病毒）的不同血清型混合制成的疫苗。如巴氏杆菌多价苗、大肠杆菌多价苗。联苗是由2种以上病原微生物（细菌或病毒）联合制成的疫苗。一次免疫可以达到预防几种疾病的目的。如猪瘟—猪丹毒—猪肺疫三联苗，蛋禽新城疫—减蛋综合征—传染性法氏囊三联苗。

（二）疫苗的有效期、失效期、批准文号

1. 有效期

疫苗的有效期是指在规定的贮藏条件下能够保持质的期限。

疫苗的有效期按年月顺序标注：年份（四位数）、月份（两位数）、有效期计算。有效期从疫苗的生产日期（生产批号）算起。如某批疫苗的生产批号是20110731，有效期2年，即该批疫苗的有效期到2013年7月31日止。如具体标明有效期到2015年06月，表示该批疫苗在2015年6月30日之前有效。

2. 失效期

疫苗的失效期是指疫苗超过安全有效范围的日期。如标明失效期为2012年7月1日，表示该批疫苗可使用到2012年6月30日，即7月1日起失效。

疫苗的有效期和失效期虽然在表示方法上有些不同，计算上有差别，但任何疫苗超过有效期或达到失效期者，均不能再销售和使用。

3. 批准文号

疫苗批准文号的编制格式为：疫苗类别名称＋年号＋企业所在地省份（自治区、直辖市）序号＋企业序号＋疫苗品种编号。

（三）疫苗的运输和保管

1. 疫苗的运输

（1）包装　短距离运输可以用泡沫箱或保温瓶，装上疫苗后还要加装适量的冰块、冰袋等降温材料，立即盖上泡沫箱盖或瓶盖，再用塑料胶布密封严实即可。

（2）保温

● 冻干活疫苗：应冷藏运输。如果量小，可将疫苗装入保温瓶或保温箱内，再放入适量冰块进行包装运输；如果量大，需用冷藏运输车运输。

● 灭活疫苗：宜在 2～8℃的温度下运输。夏季运输要采取降温措施，冬季运输采取防冻措施，避免冻结。

● 细胞结合型疫苗：鸡马立克病血清Ⅰ、Ⅱ型疫苗必须浸入液氮中，用液氮罐冷冻运输。运输过程中，要随时检查温度，尽快运达目的地。

疫苗运输注意事项

① 应严格按照疫苗贮藏温度要求进行运输。

② 尽快运输。

③ 所有运输过程中，必须避免日光暴晒。

---

2. 疫苗的保管

疫苗属生物制品，应严格按照疫苗说明书规定的要求贮藏。保存时总的原则是分类、避光、低温冷藏、防止温度忽高忽低。

（1）贮藏条件

> ●贮藏设备：根据不同疫苗品种的贮藏要求，配置相应的贮藏设备，如低温冰柜、电冰箱、液氮罐、冷藏柜等。
>
> ●贮藏温度：①冻干活疫苗。一般要求在 -15℃条件下冷冻贮藏，温度越低，保存时间越长。如猪瘟活疫苗、鸡新城疫活疫苗等。②灭活疫苗。一般要求在 2 ~ 8℃条件下贮藏，不能低于0℃，更不能冻结，如口蹄疫灭活疫苗、禽流感灭活疫苗等。③细胞结合型疫苗。如马立克病血清Ⅰ、Ⅱ型疫苗等必须在液氮中（-196℃）贮藏。
>
> ●避光、防潮：所有疫苗都应贮藏于冷暗、干燥处，避免光照直射和防止受潮。

（2）分类存放　按疫苗的品种和有效期分类存放，并标以明显标志，以免混乱而造成差错。超过有效期的疫苗，必须及时清除并销毁。不同剂型疫苗应分开存放。如弱毒类冻干苗与灭活疫苗油剂苗等应分开放置在不同的温度环境中。

（3）建立疫苗管理台账　详细记录出入疫苗品种、批准文号、生产批号、规格、生产厂家、有效日期、数量等。应根据说明书要求存放在相应的设备中。相同剂型疫苗应做好标记放置，便于存取。在相同温度条件下存放，应各成一类，各放一处，做好标记，避免混乱。

小提示

疫苗贮藏注意事项

①按规定的温度贮藏。
②在贮藏过程中，应保证疫苗的内、外包装完整无损。
③防止内、外包装破损，导致无法辨认其名称、有效期等。

三、预防接种技术

（一）免疫接种类型

预防接种

指在经常发生某类传染病的地区或有某类传染病潜在的地区或受到邻近地区某类传染病威胁的地区，为了预防这类传染病发生和流行，平时有组织、有计划地给健康动物进行的免疫接种。

紧急接种

指在发生传染病时，为了迅速控制和扑灭传染病的流行，而对疫区和受威胁区尚未发病的动物进行的免疫接种。紧急接种应先从安全地区开始，逐头（只）接种，以形成一个免疫隔离带，然后再到受威胁区，最后再到疫区对假定健康动物进行接种。

临时接种

指在引进或运出动物时，为了避免在运输途中或到达目的地后发生传染病而进行的预防免疫接种。临时接种应根据运输途中和目的地传染病流行情况进行免疫接种。

（二）免疫接种方式

1. 注射

注射

肌内注射：利用针头把疫苗直接注射到动物肌肉中，使其产生免疫。注射部位马、牛、羊、猪在臀部和颈部，家禽在胸肌部。

皮下注射：利用针头把疫苗直接注射到动物的皮下，使其产生免疫。注射部位马、牛、羊在颈侧，猪在耳根后方，家禽在胸部或大腿内侧。

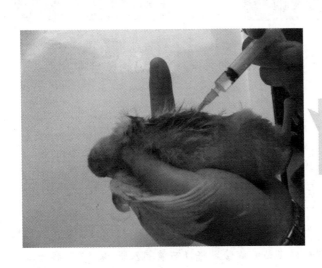

鸡胸部肌内
注射

2. 刺种

家禽常用此法。选择鸡翅内侧无血管处三角形皮肤，用刺种针蘸取菌疫苗刺入皮肤，因此，又叫皮肤刺种法。刺种法主要用于禽痘活疫苗的接种。将疫苗按500羽份加入8～10毫升稀释液，用禽痘专用刺种针或新钢笔尖蘸取疫苗，在翅膀内侧无血管处的翼膜刺种。30日龄以内的雏禽每羽1针，30日龄以上者每羽2针，刺种后5～7天，检查禽只刺种部位，若刺种部位出现红肿、水疱或结痂，说明接种成功，否则表明接种失败，应及时补种。

3. 点眼或滴鼻

此法适用于家禽。雏禽的免疫机能不健全，易受到某些病原体的侵害而致病，但不能大量用刺激性强的疫苗进行免疫接种，可采用点眼、滴鼻方法。

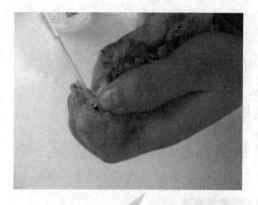

鸡点眼接种方法　　　　　　　　　鸡滴鼻接种方法

小知识

点眼或滴鼻具体方法

　　左手握住雏禽，用左手食指与中指夹住头部固定，平放拇指将禽只的眼睑打开，右手握住已吸有稀释好疫苗的滴管，将疫苗液滴入眼内、鼻孔各一滴，在滴鼻时应注意用中指堵住对侧的鼻孔，待眼内和鼻孔内疫苗吸入后方可松手，一般一滴的量为 0.03～0.05 毫升。

　　此法需人工捉禽，费时费力，对禽群产生较大的应激，在操作时尽量减少应激，禽群相对安静，也是提高免疫效果的因素之一。

　　4. 饮水

　　此法适用于家禽。将可供口服的疫苗混入饮水中，通过饮水经口免疫。需要注意的是，饮水免疫前要停止饮水 4～6 小时，口服免疫前后 24 小时不得服用任何消毒药物。饮水接种法简单省力，应激小。

　　具体方法是将要接种的疫苗按说明要求稀释后一次投入饮水中让家禽饮用，在 2 小时以内饮完。夏天，为保证疫苗的质量和免疫效果，也可将疫苗分 2 次加入饮水中，中间间隔 1 小时或连续加入，每次饮水时间均不能超过 2 小时。家禽饮用稀释疫苗的水量因周龄不同而异。一般 1～2 周龄 8～10 毫升/只，3～4 周龄 15～20 毫升/只，5～6 周龄 20～30 毫升/只，7～8

周龄 30 ～ 40 毫升 / 只，9 ～ 10 周龄 40 ～ 50 毫升 / 只。成禽的饮水量以其在 2 小时内饮完为准。

饮水免疫的缺点

一是只起到局部黏膜免疫的效果，抗体效价不高，免疫期限短。

二是因个体差异或饲养密度等原因，使禽只饮水量不同，服用疫苗的量也不同，群体免疫抗体水平参差不齐，影响整群的免疫质量。

三是稀释用水的质量对疫苗的免疫效果影响极大。

四是饮水器不能用金属制品，金属离子对疫苗株有杀伤作用，也会降低免疫质量。

五是气候对饮水免疫也有一定的影响，如禽只冬季喝水量少，夏季喝水较多，为了保证饮水免疫效果，要对禽只实行控水措施，夏季一般以饮苗前 2 小时停水为宜，冬季可提前 3 ～ 4 小时停水，这样尽量使禽只能够饮到足够的疫苗，以保证免疫效果。

专家提示：

在稀释疫苗时加入适量的脱脂奶粉或脱脂鲜乳，可使疫苗毒株免受不利因子的损害，提高免疫效果。如饮水免疫鸡法氏囊炎疫苗时就可在饮水中加入 2% 的脱脂奶粉。

5. 喷雾

此种方法主要适用于大群动物免疫。喷雾免疫接种省时省力，免疫效果明显，但要求较高。

喷雾免疫法对环境条件的要求

养殖场环境要求无粉尘,室温20℃,相对湿度65%,若室内干燥、温度高,雾滴易蒸发。

喷雾接种时要关闭养殖舍门窗,尽量减少空气流通,喷雾时在动物群上方1米左右平行喷雾,雾层缓慢降落时,动物在1米厚的雾区内,把疫苗吸入呼吸道而产生免疫抗体。有呼吸道疾病的动物不宜采用喷雾免疫法,会使病情加重。

喷雾免疫法需用疫苗量大,应选择高效价疫苗。使用疫苗的量,家禽每1 000羽份疫苗需用稀释液体积:1周龄的鸡群用200～300毫升,2～4周龄的鸡群用400～500毫升,5～10周龄的鸡群用800～1 000毫升,10周龄以上鸡群用1 500～2 000毫升。

(三)免疫接种前的准备

- ●准备疫苗、器械、药品等。
- ●器械消毒:将用清水冲洗干净的器械高压灭菌15分,或煮沸消毒。
- ●人员消毒和防护:不可使用对皮肤造成损害的消毒液洗手;在喷雾免疫和布病免疫时应戴护目镜。
- ●检查待接种动物健康状况。
- ●检查疫苗外观质量,详细阅读使用说明书。
- ●预温疫苗:疫苗使用前,应从贮藏容器中取出疫苗,置于室温(15~25℃),平衡疫苗温度;鸡马立克病活疫苗应将从液氮罐中取出的疫苗,迅速放入27~35℃的温水中速溶(不能超过10秒)后稀释。
- ●稀释疫苗:按疫苗使用说明书注明的头(只)份,用规定的稀释液,按规定的稀释倍数和稀释方法稀释疫苗。
- ●吸取疫苗:疫苗稀释后应全部用完,若一次使用不完应按规定做相应的处理后废弃。

待接种动物健康状况的检查内容

为了保证免疫接种动物安全及接种效果，接种前应了解需接种动物的健康状况：

①检查动物的精神、食欲、体温，不正常的不接种或暂缓接种；

②检查动物是否发病、体质情况，发病、瘦弱动物不接种或暂缓接种；

③检查是否存在幼小的、年老的、怀孕后期的动物，这些动物应不予接种或暂缓接种；

④对上述动物进行登记，以便以后补种。

连续注射器的使用方法及注意事项

①调整所需剂量并用锁定螺栓锁定，注意所设定的剂量应该是金属活塞的刻度数；

②药剂导管插入疫苗瓶内，同时疫苗瓶再插入一把进空气用的针头，使容器与外界相通，避免疫苗瓶产生负压，最后针头朝上连续推动活塞，排出注射器内空气直至药剂充满玻璃管，即可开始注射动物；

③特别注意，注射过程中要经常检查玻璃管内是否存在空气，有空气立即排空，否则影响注射剂量。

（四）做好接种记录与观察

要及时认真做好预防接种的详细记录，包括接种日期，动物品种、年龄、数量，所用疫苗的名称、厂名、批号、生产日期及有效期，稀释剂及稀释倍数，接种方法、操作人员等。

注意观察畜群接种反应（包括正常及异常反应），如有不良反应或发病等情况，应根据具体情况采取适当措施。动物接种后产生应激反应，个别动物会出现轻度精神萎靡、食欲减退、体温稍高等情况，一般不需要治疗，若将其置于适宜的环境下 1 ~ 2 天，症状即可自行减轻或消失，最好不要用任何药物。

（五）免疫反应的处置

1. 观察免疫接种后动物的反应

（1）正常反应　是指疫苗注射后出现的短时间精神不好或食欲稍减等症状，此类反应一般可不做任何处理，能自行消退。

（2）严重反应　主要表现在反应程度较严重或反应动物超过正常反应的比例。常见的反应有震颤、流涎、流产、瘙痒、皮肤丘疹及注射部位出现肿块、糜烂等，最为严重的可引起免疫动物的急性死亡。

（3）并发症

> ●血清病：抗原抗体复合物产生的一种超敏反应，多发生于一次大剂量注射动物血清制品后，出现注射部位红肿、体温升高、荨麻疹、关节痛等，需精心护理和注射肾上腺素等。
>
> ●过敏性休克：个别动物于注射疫苗后 30 分内出现不安、呼吸困难、四肢发冷、出汗、大小便失禁等，需立即救治。
>
> ●全身感染：指活疫苗接种后因机体防御机能较差或遭到破坏时发生的全身感染和诱发潜伏感染，或因免疫器具消毒不彻底致使注射部位或全身感染。
>
> ●变态反应：多为荨麻疹。

2. 处理动物免疫接种后的不良反应

免疫接种后如产生严重不良反应，应采用抗休克、抗过敏、抗炎症、抗感染、强心补液、镇静解痉等急救措施。

对局部出现的炎症反应，应采用消炎、消肿、止痒等处理措施；对神经、肌肉、血管损伤的病例，应采用理疗、药疗和手术等处理方法。

对合并感染的病例用抗生素治疗。

各种不良反应的救治方法

某些动物免疫后会出现急性反应，主要表现为气喘，呼吸加快，眼结膜充血，全身震颤，皮肤发紫，口吐白沫，频频排粪，后肢不稳或倒地抽搐，如不及时抢救很可能死亡。救治方法：一般是尽快皮下注射0.1%盐酸肾上腺素，牛5毫升，猪和羊1毫升；肌内注射盐酸异丙嗪，牛500毫克，猪和羊100毫克；肌内注射地塞米松磷酸钠，牛30毫克，猪和羊10毫克，孕畜不用。

甚至还有些动物免疫接种后可能出现最急性症状，与急性反应相似，只是出现时间更快，反应更重。救治方法：迅速肌内注射地塞米松磷酸钠，牛30毫克，猪和羊10毫克，孕畜不用；肌内注射盐酸异丙嗪，牛500毫克，猪和羊100毫克；皮下注射0.1%盐酸肾上腺素，牛5毫升，猪和羊1毫升，20分后根据缓解程度可同剂量再注射1次。

对于休克的家畜，除上述急救措施外，还可迅速针刺耳尖、尾根、蹄头、大脉穴放少量血；迅速将去甲肾上腺素（牛10毫克，猪和羊2毫克）加入10%葡萄糖注射液（牛1 500毫升，猪和羊500毫升），静脉滴注。家畜苏醒且脉律恢复后换成维生素C（牛5克，猪和羊1克），维生素B_6（牛3克，猪和羊0.5克）加入5%葡萄糖注射液（牛2 000毫升，猪和羊500毫升）静脉滴注，然后再用5%碳酸氢钠液（牛500毫升，猪和羊100毫升）静脉滴注即可。

四、疫情巡查与报告

（一）疫情巡查

1.疫情巡查方法

●询问：向畜主了解近期畜禽是否有异常，包括采食、饮水、发病等情况。
●查看：深入到畜禽饲养圈舍，查看畜禽精神状况，粪便、尿液颜色、形状是否异常，必要时可进行体温测量。

2.疫情巡查要求

- ●一是巡查。每周不少于一次，在疫病高发季节，应增加巡查频次。
- ●二是做好巡查记录。
- ●三是对河流、水沟、野生动物栖息地和出没地等也要进行巡查。

（二）疫情报告

1.报告形式

采用电话、传真、电子邮件等形式报告。

2.报告内容

疫情发生的时间、地点；染疫、疑似染疫动物种类和数量；同群动物数量、免疫情况、死亡数量、临床症状、病理变化、诊断情况；流行病学和疫源追踪情况；已采取的控制措施；疫情报告的单位、负责人、报告人及联系方式。

重大动物疫情报告和认定

（1）重大动物疫情报告程序和时限 发现可疑动物疫情时，必须立即向当地县（市）动物防疫监督机构报告。县（市）动物防疫监督机构接到报告后，应当立即赶赴现场诊断，必要时可请省级动物防疫监督机构派人协助进行诊断，认定为疑似重大动物疫情的，应当在2小时内将疫情逐级报至省级动物防疫监督机构，并同时报所在地人民政府兽医行政管理部门。省级动物防疫监督机构应当在接到报告后1小时内，向省级农业主管部门报告。省级兽医行政管理部门应当在接到报告后的1小时内报省级人民政府。特别重大、重大动物疫情发生后，省级人民政府、农业主管部门应当在4小时内向国务院报告。

（2）重大动物疫情认定程序及疫情公布 县（市）动物防疫监督机构接到可疑动物疫情报告后，应当立即赶赴现场诊断，必要时可请省级动物防疫监督机构派人协助进行诊断，认定为疑似重大动物疫情的，应立即按要求采集病料样品送省级动物防疫监督机构实验室确诊，省级动物防疫监督机构不能确诊的，送国家参考实验室确诊。确诊结果应立即报农业农村部，并抄送省级兽医行政管理部门。

重大动物疫情由国务院兽医主管部门按照国家规定的程序，及时准确公布；其他任何单位和个人不得公布重大动物疫情。

五、兽医病料样品的采集与送检

（一）病料的采集

1. 病料的采集原则

（1）适时采样 采集病料的时间一般在疾病流行早期、典型病例的急性期，此时病原的检出率高。需从病死动物采取病料时，应从刚死亡的动物或处于濒死的动物采样；病死的动物，夏季最好不超过 6 小时，冬季不超过 24 小时，如死亡太久，尸体组织变性和腐败，就会影响病原微生物的检出和病理组织学检验的正确性。

（2）合理采样 根据疾病的病理特点采取合适的样本，选取未经药物治疗、症状最典型的动物和病变最明显的部位采取病料，如有并发症，还应兼顾采样；对未能确定为何种疫病的，应根据临床症状和病理变化采集病料，或全面采样。

（3）疫情巡查方法

> ●询问：向畜主了解近期畜禽是否有异常，包括采食、饮水、发病等情况。
> ●查看：深入到畜禽饲养圈舍，查看畜禽精神状况，粪便、尿液颜色、形状是否异常，必要时可进行体温测量。

（4）无菌采样 采集供病原及血清学检验的病料，必须无菌操作采样。采集样本所用的器械及容器要进行严格的消毒，样本采取过程都应该无菌操作，尽量避免杂菌污染。

（5）适量采样 采集病料的数量要满足诊断检测的需要，并留有余地，以备必要的复检使用。

（6）安全采样 采样过程中，一方面要做好采样人员的自身防护，特别是遇到疑似炭疽、狂犬病等烈性人畜共患病病例，不得解剖，应及时通知当地卫生防疫部门；另一方面要防止病原扩散，引起动物疫病的发生。

2. 不同类型病料的采集

（1）细菌性病料的采集 供细菌检验的组织病料，应新鲜并以无菌技术采集。对于活的病畜禽，应注意采集其血液、口鼻分泌物、乳汁、脓汁或局部肿胀渗出液、体腔液、尿液、生殖道分泌物和粪便等。对死亡动物尸体病料采集时，应剥去皮肤，打开胸腹腔，以无菌操作采集病料，其采集病料的种类应根据生前发病情况或所作的初步诊断，有选择地采集相应含菌量最多的脏器或内容物。如遇尸体已经腐败，某些疫病的致病菌仍可生存于骨髓中，这时应采集长骨或肋骨，从骨髓中分离细菌。

（2）病毒性病料的采集　当初步诊断为病毒感染时，如从动物活体上采集病料，必须在发病初期、急性期或发热期，否则病毒可很快在血液中消失，组织内病毒的含量也因抗体的产生而迅速下降。从死亡动物尸体上采集病料，其方法与细菌性病料的采集方法基本相同。无论是从活体或死尸上采集病料，既要避免污染，又要防止病毒被灭活。

（3）中毒材料的采集　供毒物检验的病料，一般应采取胃和肠的内容物、肝、肾、血液、尿液以及引起中毒可疑的剩余饲料等。急性中毒急宰或冷宰肉尸，当缺少内脏时，可从胴体的不同部位取混合样。

（4）死因不明动物尸体病料的采集　对无法做出初步诊断的死因不明动物尸体，采集病料应尽量全面系统，或根据症状和病理变化有所侧重。有败血症病理变化时，应采取心血和淋巴结、脾、肝等；有明显神经症状者，应采集脑、脊髓；有黄疸、贫血症状者，可采肝、脾等。

3. 常见病料的采集方法

（1）脏器组织

1）实质器官　采样时，先剥去动物胸腹部皮肤，将腹腔、胸腔打开，根据检验目的，立即无菌采集不同的组织，否则容易污染。如果剖开后暴露时间较久，则应于采取部位用烧红的烙铁或手术刀片烧烙脏器表面，以杀灭脏器表面杂菌，然后再采取病料。心、肝、脾、肺、肾等实质器官组织，选择病变明显的部位采取小块组织即可；若幼小畜禽，可采取完整的器官，分别置于灭菌容器内。

2）淋巴结　采取淋巴时选择采取病变组织器官邻近的淋巴结，将淋巴结与周围脂肪组织一起采集，并尽可能多取几个。若采取胃肠附近的淋巴结，应防止胃肠内容物污染。

3）肠管　选取外观有病变部位的肠管，用线扎紧病变明显处（5～10厘米）的两端，自扎线外侧剪断，把该段肠管置于灭菌容器中，冷藏送检。

4）皮肤　皮肤病料应在病变明显而典型的部位采取。一般情况下应采取大约 10 厘米 × 10 厘米皮肤一块，剪取的皮肤病料，供病原检验的应放入灭菌的容器，或加入保存液后做冷藏送检；做组织学检验的应立即投入固定液（10% 福尔马林溶液）内固定；做寄生虫检验的可放入有盖容器内供直接镜检；检查活动物的寄生虫病如疥螨、痒螨等时，可在患病皮肤与健康皮肤交界处，用凸刃小刀，使刀刃与皮肤表面垂直，刮取皮屑，直到皮肤轻度出血，接取皮屑供检验。

5）脑脊髓液及管骨　脑可纵切取其一半，必要时采取部分骨髓或脊髓液。若尸体腐败，可取长骨或肋骨，从骨髓中检查细菌，某些情况下可取整个头。脑及脊髓病料浸入 50% 甘油生理盐水中，整个头或骨用浸过消毒液的纱布或油布包裹，冷藏送检。

6）流产胎儿　小家畜胎儿可将整个胎儿尸体包入塑料薄膜中送检，或采取胎儿胃和内容物及其他病变组织送检。

（2）血液

1）采血方法　无菌操作从动物静脉采血，注入灭菌小瓶中，猪、兔多在耳静脉采血，狗多在后肢外侧面小隐静脉或前肢内侧头静脉采血，猫多在前肢内侧头静脉和后肢内侧面大隐静脉采血，家禽多在翼下静脉采血。

2）抗凝血　采集抗凝血时，应事先在真空采血管或其他采血容器中加入抗凝剂，按 10 毫升血液加入 0.1 % 的肝素 1 毫升或 EDTA 二钠 20 毫克，采集的血液立即与抗凝剂充分混合，防止凝固。采集的血液经密封后贴上标签，以冷藏状态立即送实验室。运输中血液不可冻结，不可剧烈震动，以免溶血。

3）血清　分离血清的血液不必加抗凝剂。不加抗凝剂的血液，用离心机以 3 000 转 / 分离心 10 分，将红细胞与血浆分开，然后让其自凝或置 37 ℃恒温箱内，促使血凝块加快收缩，待血凝块收缩离开管壁后，再以同样转速离心 10 分，即得清澈的血清。如无离心机，应将盛血试管斜置，使血液形成斜面，静置（置温箱中 1 小时，然后置冰箱中过夜）使血清析出；切忌在血液未凝固前强行分离血清，而造成溶血。血清可放在灭菌玻璃瓶或青霉素小瓶中，于 4℃条件下保存，不要反复冻融。为了防腐每毫升血清中可加入 5%石炭酸溶液 1 ~ 2 滴，或加入 0.01% 的叠氮钠 1 ~ 2 滴。采集双份血清检测比较抗体效价变化的，第一份血清采于病的初期并做冷冻保存，第二份血清采于第一份血清后 3 ~ 4 周，双份血清同时送实验室。

（3）分泌液和渗出液

1）乳汁　乳房、乳头以及术者的手，均用0.1%的新洁尔灭溶液洗净消毒，弃去最先挤出的乳汁，然后采10 ~ 20毫升，注入灭菌试管内或小瓶中，加塞。

2）脓汁　开放的化脓灶可用灭菌的棉花拭子蘸取脓汁，放入试管；未破溃的脓灶可用采血器或注射器刺入脓肿，吸出脓汁注入灭菌容器内。

3）水疱液和水疱皮　水疱液可用灭菌采血器或注射器吸取，置于灭菌容器内；水疱皮可用灭菌剪刀剪取小块水疱皮于灭菌瓶内，与水疱液一并送检。

4）水肿液　皮下水肿液和关节囊（腔）渗出液，用注射器从积液处抽取置于灭菌容器内。

5）眼、鼻腔、口腔的分泌物或渗出液　用灭菌的棉拭子蘸取眼、鼻腔、口腔的分泌物或渗出液置灭菌试管内，也可将棉拭子上的分泌物洗在灭菌肉汤等保存液内。

6）咽、食道分泌物　应将患病动物头部保定，用开口器打开口腔，可用食道拭子或棉拭子伸入舌根后上方咽、食道处反复刮取或拭取病料后，置于灭菌试管内。

7）尿液　可在动物排尿时收集，也可以用导管导尿采集；死后的动物可打开腹腔，用灭菌注射器刺入膀胱，抽取尿液；也可将膀胱颈结扎，剪取整个膀胱送检。

8）渗出液　如尸体剖检的胸水、腹水、心包液、关节囊液等可用灭菌采血器或注射器或灭菌吸管吸取，置于灭菌容器内。

9）胸水、腹水　用穿刺针或灭菌注射器带长针头刺入胸腔或腹腔抽取。

（4）胃肠内容物及粪便

1）胃内容物　中小家畜可将食道及十二指肠结扎，断端烧烙后，将整个胃送检。大家畜胃内容物，用无菌手术刀切开胃后，用灭菌匙采取。

2）肠内容物　可选取适宜肠段7厘米左右，两端结扎，以灭菌剪刀从结扎线外端剪断，置玻璃容器或塑料袋中。

3）粪便　供病毒检验的粪便必须新鲜。少量采集时，用清洁灭菌玻璃棒挑取新鲜粪便或以灭菌的棉拭子从直肠深处或泄殖腔黏膜上蘸取粪便，并立即投入灭菌的试管内密封。如采集较多量时，可将动物肛门周围消毒后，用器械或用带上乳胶手套的手伸入直肠掏取粪便；也可用压舌板插入直肠，轻轻用力下压，刺激排粪，收集粪便。所收集的粪便装入灭菌的容器内，经密封并贴上标签，立即冷藏或冷冻后送实验室。供细菌检验的粪便，在采样前1周内动物不能使用抗菌药物。供寄生虫检验的粪便应选择新排出的或直接从直肠内采得的粪便，保持虫体或虫体节片及虫卵的固有形态。

（5）生殖道病料　生殖道病料主要是死胎、流产排出的胎儿、胎盘、阴道分泌物、阴道冲洗液、阴茎包皮冲洗液、精液、受精卵等。流产的胎儿及胎盘可按采集组织病料的方法，无菌采集有病变的组织；精液以人工采精方法收集；阴道、阴茎包皮分泌物可用棉拭子从深部蘸取样品，亦可将阴茎包皮外周、阴户周围消毒后，以灭菌生理盐水冲洗阴道、阴茎包皮，收集冲洗液。采集的各种病料，供病毒检验的立即冻结或加入保存液；做细菌检验的立即冷藏；做组织检验的迅速切成小块投入固定液内固定，贴上标签后迅速送实验室。

小提示

采集病料注意事项

●采样所用刀、剪要锐利，切割要迅速准确，切忌拉锯式切割，并要防止挤压病料，造成人为的变化。

●采集的每块组织标本应包含有病变和其周围较正常的组织，包含器官的重要组成部分。如肾应有皮质、髓质、肾盂等，肝、脾、肺应含有被膜。

●病料以2～3厘米厚、4厘米×5厘米大小为宜，特殊的5厘米×8厘米，以利于及时而彻底固定。

●死后要立即采集病料，尤其夏季不应超过4小时，拖延过久，则组织变性、腐败，影响检验结果。

●当怀疑为炭疽时应禁止剖检，可在颈静脉处切开皮肤，抽取血液做血片数张，立即送检。排除炭疽后，方可剖检取材。

●除病理组织学检验病料及胃肠内容物外，其他病料应无菌采集。采取病料的器械和容器必须经过消毒。刀、剪、镊等用具煮沸消毒30分，使用前用酒精擦拭，用时再用酒精灯火焰消毒。器皿（试管、玻璃瓶、平皿等）经高压蒸汽灭菌15

分或干热灭菌（160℃）2 小时。注射器和针头应于清水中煮沸 30 分。

●当采集活体病料时，如有多数动物发病，取材时应选择症状和病变典型，有代表性的病例，最好选择未经抗生素治疗的病例。

●采取一种病料，使用一套灭菌的器械和容器。不同个体脏器不能混在一起，同一个体不同脏器，也不能混在一起，应分别用不同容器盛装。

●在整个采集病料过程中，应注意个人防护。

●采取病料完成后，器械应先消毒再清洗；采集者的双手先用肥皂水洗涤，再用消毒液洗，最后用清水洗；采取病料的场所应采取冲洗、喷洒消毒药或烧灼等消毒措施，避免散播病原微生物；采集人员的衣物先用消毒液浸泡，再用清水洗净，在太阳下晾晒。

（二）病料的保存、记录与送检

病料的包装

装载病料的容器可选择玻璃的或塑料的，瓶、试管或袋均可，但是，容器必须密封、不泄漏。装供病原检验病料的容器，用前应彻底清洗干净，再以干热或高压蒸汽灭菌并烘干。一个容器装量不可过多，尤其液态病料不可超过容量的 80%，以防冻结时容器破裂。装入病料后必须加盖，然后用胶布或胶带固封。如是液态病料，除了用胶布或胶带固封外，还须用熔化的石蜡加封，以防液体外泄。如果选用塑料袋，则应用两层袋，分别用线结扎袋口，防止液体漏出或进入水污染病料。每个病料在病料包装外面贴上标签，注明病料名称、编号、采样日期、采样地点、畜种等。再将各个病料放到大塑料袋或箱中。袋或箱外要贴封条，封条上要有采样人签章，并注明贴封日期；标注放置方向、注意轻拿轻放、切勿倒置等字样。

1. 病料的保存

进行微生物学检验的病料，必须保持新鲜，避免污染、变质。若病料不能立即送检时，应加以保存。无论是细菌性还是病毒性检验材料，最佳的保存方法均为冷藏。病料短时间保存，可放入冰箱或加冰的保温容器中（保温箱或保温瓶）冷藏保存；若 24 小时不能送到实验室，需要在 –20℃ 以下保存。病料若较长时间存放，则应在 –70℃ 以下条件保存，但不得反复冻融；如果没有低温条件，可加入适宜的保存液保存。供细菌检验的组织病料，放入灭菌液状石蜡或 30% 甘油生理盐水、30% 甘油缓冲液、饱和盐水中保存；供病毒检验的组织病料放入 50% 甘油生理盐水或 50% 甘油磷酸盐缓冲液中保存；供病理组织学检验的组织病料放入 10% 福尔马林或 95% 酒精中保存，病料与保存液的比例为 1 ：10，如用 10% 福尔马林固定，应 24 小时换液一次，脑、脊髓组织需用 10% 中性福尔马林溶液固定。保存的病料要贴上标签，并注明病料名称、病料来源、采样人员、编号、采样日期等。

2. 病料的记录

每种病料要做好标记，并附上送检单，送检单一式三份，一份存查，两份寄往检验单位，检验完毕后退回一份。病料送检单内容包括送检单位及其地址、电话、传真，动物种类、性别、年龄、发病日期、死亡日期、采取病料日期、送检日期，动物疫病流行情况、临床症状、病理剖检变化、防治情况，病料种类、数量、处理及保存方法，送检目的、送检人及其联系电话等。

3. 病料的送检

运送病料时，最好由专人送检，并附上送检单。病料经包装密封后，必须尽快送往实验室，延误送检时间会严重影响诊断结果。因此，在送病料过程中，要根据病料的保存要求及检验目的，妥善安排运送计划。供细菌检验、寄生虫检验及血清学检验的冷藏病料，必须在 24 小时内送到实验室；供病毒检验的冷藏处理病料，须在数小时内送达实验室，若能在 4 小时内送实验室，可只用带冰的保温容器冷藏运输；如果超过 4 小时，要做冷冻处理。应先将病料置于 –30℃ 冻结，然后再在保温瓶内加冰运输，经冻结的病料必须在 24 小时内送到。24 小时内不能送到实验室的，需要在运送过程中使病料温度处于 –20℃ 以下。

常用病料保存剂的配制

（1）30%甘油生理盐水 纯净甘油（一级或二级）30毫升、生理盐水70毫升，混匀后，经高压蒸汽灭菌备用。

（2）50%甘油生理盐水 纯净甘油50毫升、生理盐水50毫升，混匀后，经高压蒸汽灭菌备用。

（3）50%甘油磷酸盐缓冲液 纯净甘油50毫升，磷酸盐缓冲液50毫升，混匀后，经高压蒸汽灭菌备用。

（4）30%甘油缓冲液 纯净甘油30毫升、氯化钠0.5克、磷酸氢二钠1克、0.02%酚红1.5毫升、中性蒸馏水100毫升，溶解混匀后，高压蒸汽灭菌备用。

（5）饱和盐水 取蒸馏水100毫升，加入氯化钠38～39克，充分搅拌溶解后，然后用滤纸过滤，高压灭菌备用。

（6）10%福尔马林 取福尔马林（40%甲醛溶液）10毫升加入蒸馏水90毫升即成，常用于保存病理组织学材料。

六、患病动物的处理

（一）隔离

隔离患病动物和可疑感染动物是防控传染病的重要措施之一。在传染病流行时，应对畜群进行疫情监测，查明畜群感染的程度。根据疫情监测的结果，可将全部家畜分为病畜、可疑感染家畜和假定健康家畜等三类，以便分别处置。

1.病畜

包括有典型症状或类似症状，或其他特殊检查呈阳性的家畜。它们是危险性最大的传染源，应选择不易散播病原微生物、容易消毒处理的场所或房舍进行隔离。如病畜数目较多，可集中隔离在原来的畜舍里。隔离的病畜须有专人看管、饲养、护理，及时进行治疗；隔离场所禁止其他人畜出入；工作人员出入应遵守消毒制度；隔离区内的用具、饲料、粪便等，未经彻底消毒处理不得运出；没有治疗价值的或烈性传染病不宜治疗的病畜应扑杀、销毁或按国家有关规定进行处理。

2. 可疑感染家畜

未发现任何症状，但与病畜及其污染的环境有过接触的家畜，如同群、同舍、同槽、同牧，使用共同的水源、用具等。这类家畜有可能被感染，处于潜伏期，并有排菌（毒）的危险，应在消毒后另选地方将其隔离、看管，限制其活动，详加观察，出现症状的则按病畜处理。有条件时应立即进行紧急免疫接种或预防性治疗。隔离观察时间的长短，根据该种传染病潜伏期长短而定，经一定时间不发病者，可取消其限制。

3. 假定健康家畜

除上述两类外，疫区内其他易感家畜都属于此类，对这类家畜应采取保护措施。应与上述两类家畜严格分开隔离饲养，加强防疫消毒和相应的保护措施，立即进行紧急免疫接种，必要时可根据实际情况转移至其他地方饲养。

（二）病死动物的处理

1. 尸体的运送

尸体运送前，工作人员应穿戴工作服、口罩、护目镜、胶鞋及手套。尸体要用密闭、不泄漏、不透水的容器包裹，并用车厢和车底不透水的车辆运送。装车前应将尸体各天然孔用蘸有消毒液的湿纱布、棉花严密填塞，小动物和禽类可用塑料袋盛装，以免流出粪便、分泌物、血液等污染周围环境。在尸体躺过的地方，应用消毒液喷洒消毒，如为土壤地面，应铲去表层土，连同尸体一起运走。运送过尸体的用具、车辆应严格消毒；工作人员用过的手套、衣物及胶鞋等均应进行消毒。

2. 处理尸体的方法

（1）深埋法　深埋地点应远离居民区、水源、泄洪区、草原及交通要道，不影响农业生产，避开公共视野。

坑的长度和宽度以能容纳侧卧之尸体即可，坑深不得少于 2 米。

坑底铺以 2 ~ 5 厘米厚的石灰，将尸体放入，使之侧卧，并将污染的土层、捆尸体的绳索一起抛入坑内，然后再铺 2 ~ 5 厘米厚的生石灰，用土覆盖，覆盖土层厚度不应少于 1.5 米，尸体掩埋后，与周围持平。

（2）焚烧法

1）十字坑　按十字形挖两条沟，沟长 2.6 米、宽 0.6 米、深 0.5 米。在两沟交叉处坑底堆放干草和木柴，沟上方横架数条粗湿木棍，将尸体放在木棍架上，在尸体的周围及下面再放入木柴，然后在木柴上倒以煤油，从下面点火，直到把尸体烧成黑炭为止，然后再将其掩埋在坑内。

2）单坑　挖一长 2.5 米、宽 1.5 米、深 0.7 米的坑，将取出的土堵在坑边缘的两侧。坑内用木材架满，坑上方横架数条粗湿木棍，将尸体放在木棍架上，然后焚烧。

3）双层坑　先挖一长 2 米、宽 2 米、深 0.75 米的大沟，在沟的底部再挖一长 2 米、宽 1 米、深 0.75 米的小沟，在小沟沟底铺以干草和木柴，两端各留出 18 ~ 20 厘米的空隙，以便吸入空气，在小沟沟沿上横架数条粗湿木棍，将尸体放在木棍架上焚烧。

（3）发酵法　这种方法是将尸体抛入专门的尸体坑内，利用生物热的方法将尸体发酵分解以达到消毒的目的。建筑这种坑应选择远离住宅、动物饲养场、草原、水源及交通要道的地方。尸坑呈圆井形，深 9 ~ 10 米、直径 3 米，坑壁及坑底用不透水材料做成（可用砖砌成后涂层水泥），坑口高出地面约 30 厘米，并做一个圆盖，盖平时落锁，坑内有通气管。如有条件，可在其上修一小屋。尸体坑一般做两个，尸体堆积于坑内，当堆至距坑口 1.5 米处时，再用另一个坑。此坑封闭发酵，夏季不少于 2 个月，冬季不少于 3 个月，尸体完全腐败分解，此时可以挖出作为肥料。两坑轮换使用。如果土质干硬，地下水位又低，加之条件限制，可以不用任何材料，直接按上述尺寸挖一深坑即可，但需在距坑口 1 米处用砖头或石头向上砌一层坑缘，上盖木盖，坑口应高出地面 30 厘米，以免雨水流入。

（4）化制处理　这是一种较好的尸体处理方法，因它不仅对尸体做到了无害化处理，并保留了有价值的畜产品，如工业用油脂及骨粉、肉粉。此法要求在经动物防疫监督机构认可的化制厂进行化制。

（5）高温处理　将肉尸切成重不超过 2 千克、厚不超过 2 厘米的肉块，用高压蒸汽灭菌法处理 1.5 ~ 2 小时，或者放在普通锅内煮沸 2 ~ 2.5 小时（从水沸腾时算起）。

单元四
主要动物疫病防治技术

单元提示

1. 多种动物共患病的临床症状和防治措施。

2. 禽病的临床症状和防治措施。

3. 猪病的临床症状和防治措施。

一、多种动物共患病

（一）流行性感冒

流行性感冒，是由流感病毒引起的急性高度接触性传染病。

1. 临床症状与病理变化

（1）禽流感

病鸡鸡冠呈
蓝紫色

1）高致病性禽流感 潜伏期从几小时到数天，最长可达21天；最初多见急性发病死亡或不明原因死亡，体温突然升高（41.5℃以上），食欲废绝，精神沉郁，呆立，闭目昏睡；产蛋量大幅下降或停止；鸡冠出血或发绀，头、颈部水肿，冠与肉髯常有淡色的皮肤坏死区；流泪，鼻有黏液性分泌物，呼吸困难；腿部皮下水肿、出血、变色，后期两腿瘫痪，俯卧于地。病程往往很短，症状出现后数小时内死亡。在高致病性病毒感染时，病死率可达100%。鸭、鹅等水禽可见神经和腹泻症状，有时可见角膜炎症，甚至失明。

2）低致病性禽流感 其严重程度与被感染禽的品种、年龄、性别、健康状况、环境以及病毒的毒力、感染剂量、感染途径等有关。表现为不同程度的呼吸道、消化道症状或隐性感染等，病程长短不定，通常情况为高发病率和低死亡率。

禽流感病理变化

最急性死亡的病鸡常无眼观病理变化。

急性者可见皮下有黄色胶样浸润、出血，胸、腹部脂肪有紫红色出血斑；心包积水，心外膜有点状或条纹状坏死，心肌软化；病鸡腿部肌肉有出血点或出血斑。腺胃乳头水肿、出血，肌胃角质层下出血，肌胃与腺胃交界处呈带状或环状出血；十二指肠、盲肠扁桃体、泄殖腔充血、出血；肝、脾、肾脏瘀血肿大，有白色小块坏死；呼吸道有大量炎性分泌物或黄白色干酪样坏死；胸腺萎缩，有程度不同的点、斑状出血；法氏囊萎缩或呈黄色水肿，有充血、出血；母鸡输卵管水肿、充血，内有浆液性、黏液性或干酪样物质，卵泡充血、出血，卵黄液变稀薄；严重者卵泡破裂，卵黄散落到腹腔中，形成卵黄性腹膜炎，腹腔中充满稀薄的卵黄。公鸡睾丸变性坏死。

（2）猪流感 潜伏期短，多为几小时至数天。突然发病，迅速蔓延全群。病猪体温突然升高至40.3～41.5℃，有时可高达42℃。食欲减退甚至废绝，精神沉郁，极度虚弱乃至虚脱，肌肉疼痛，常卧地不愿站立。呼吸急促、腹式呼吸、阵发性咳嗽。眼和鼻流出黏液，鼻分泌物有时带血，眼结膜充血。

病程较短，若无并发症，多数病猪可于6天后康复。若有继发感染，病情加重，发生肺炎或肠炎而死亡。母猪在怀孕期感染，产下的仔猪在产后2～5天发病严重，有些在哺乳期或断奶前后死亡。

猪流感病理变化

病猪呼吸道病理变化明显，鼻、咽、喉、气管和支气管的黏膜充血、肿胀，表面覆有泡沫状黏液，小支气管和细支气管内充满泡沫样渗出液。胸腔、心包腔蓄积大量混有纤维素的浆液。肺脏的病变常发生于尖叶、心叶、中间叶、膈叶的背部与基底部，与周围组织有明显的界线，颜色由红至紫，塌陷、坚实，韧度似皮革。脾脏肿大，颈部淋巴结、纵隔淋巴结、支气管淋巴结肿大多汁，胃肠有卡他性炎症。

2. 防治措施

●加强饲养管理，搞好卫生和定期消毒。

●引进动物时应严格检疫并隔离观察，避免不同种类或不同年龄的动物混合饲养，杜绝野鸟进入动物圈舍。

●国家对高致病性禽流感实行强制免疫制度，所用疫苗必须采用农业农村部批准使用的产品，并由动物防疫监督机构统一组织、逐级供应。免疫密度必须达到100%，抗体合格率达到70%以上。

●定期对免疫禽群进行免疫水平监测，根据群体抗体水平及时加强免疫。

●所有易感禽类饲养者必须在当地动物防疫监督机构负责监督指导下，按国家制定的免疫程序做好免疫接种工作。

（二）口蹄疫

　　口蹄疫是由口蹄疫病毒引起的以偶蹄动物为主的急性、热性、高度传染性疫病。

　　1. 临床症状与病理变化

　　（1）猪　潜伏期 1 ~ 2 天，病猪以蹄部水疱为特征，体温升高至41℃，精神不振，食欲减退或绝废；口黏膜（包括舌、唇、齿龈、咽、腭）及鼻周围形成小水疱或糜烂；蹄冠、蹄叉、蹄踵出现局部发红、微热、敏感等症状，不久出现水疱和溃疡。无细菌继发感染，1 周左右痊愈。有继发感染时，蹄壳可能脱落，病猪跛行，常卧地不起，需 3 周以上才能痊愈。有时母猪乳房上也出现烂斑，特别是哺乳母猪尤为常见。仔猪可因肠炎和心肌炎死亡。病死率为 60% ~ 80%。

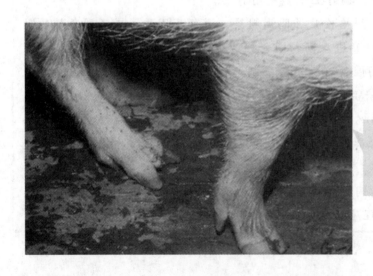

病猪右后肢蹄冠处水疱

　　（2）牛　潜伏期 2 ~ 4 天，最长 1 周。病牛精神沉郁，食欲减退，闭口，流涎，开口时有吸吮声，体温 40 ~ 41℃。发病 1 ~ 2 天后，病牛齿龈、舌面、唇内面可见到蚕豆到核桃大的水疱，涎液增多并呈白色泡沫状挂于嘴边，采食及反刍停止。水疱约经一昼夜破裂，形成溃疡，这时体温会逐渐降至正常，糜烂逐渐愈合，全身症状逐渐好转。口腔发生水疱的同时或稍后，趾间及蹄冠的柔软皮肤上也发生水疱，并很快破溃，然后逐渐愈合。有时在乳头皮肤上也可见到水疱。

本病一般呈良性经过，经1周左右即可自愈；若蹄部有病变则可延至2～3周或更久；死亡率1%～3%，该病型为良性口蹄疫。有些病牛在水疱愈合过程中，病情突然恶化，全身衰弱、肌肉发抖，心跳加快、节律不齐，食欲废绝、反刍停止，行走摇摆、站立不稳，往往因心脏停搏而突然死亡，这种病型为恶性口蹄疫，死亡率为20%～50%。犊牛发病时水疱症状不明显，主要表现为出血性胃肠炎和心肌麻痹，死亡率很高。

（3）羊　潜伏期为1周左右，感染率较牛低，症状不如牛明显。山羊症状多见于口腔，呈弥漫性口黏膜炎，水疱见于硬腭和舌面，蹄部病变较轻。羔羊有时有出血性肠胃炎，常因心肌炎而死亡。

口蹄疫病理变化

咽喉、气管、支气管和胃黏膜有时可见圆形烂斑和溃疡，真胃、肠黏膜可见出血性炎症。具诊断意义的是心包膜有弥散性及点状出血，心肌松软，心肌切面有灰白色或淡黄色斑点或条纹，如同虎皮状斑纹，故俗称"虎斑心"。

2. 防治措施

●平时要积极预防、加强检疫，对疫区和受威胁区内的健康家畜紧急接种口蹄疫高免血清。

●国家对口蹄疫实行强制免疫，免疫密度必须达到100%。预防免疫，按农业部制定的免疫方案规定的程序进行。

●发生疫情时按《口蹄疫防治技术规范》有关条款进行处理。

●建立完整的免疫档案，包括免疫登记表、免疫证、免疫标识等。各级动物防疫监督机构定期对免疫畜群进行免疫水平监测，根据群体抗体水平及时加强免疫。

口蹄疫的对症治疗

●口腔病变可用清水、食盐水或0.1%的高锰酸钾液清洗，糜烂面涂以1%～2%的明矾溶液或碘甘油，也可涂撒中药冰硼散于口腔病变处。

●蹄部病变可先用3%来苏儿清洗，后涂擦甲紫溶液、碘甘油、红霉素软膏等，用绷带包扎。

●乳房病变可用肥皂水或2%～3%的硼酸水清洗，后涂以红霉素软膏。恶性口蹄疫病畜，除采用上述局部措施外，可用强心剂（如安钠咖）和滋补剂（如葡萄糖盐水）等。或用结晶樟脑口服，每天2次，每次5～8克。

专家提示：

发现家畜有上述临床异常情况的，应及时向当地动物防疫监督机构报告，并按照农业部《口蹄疫防治技术规范》要求进行疫情处理。

（三）狂犬病

狂犬病，俗称疯狗症，是一种人畜共患传染病，病原体为狂犬病病毒。

1.临床症状与病理变化

（1）犬 典型病例潜伏期2～8周，有时为1年或数年。一般可分为狂暴型和麻痹型两种。狂暴型分三期，即前驱期、兴奋期和麻痹期。

1）前驱期 又称沉郁期。1～2天，病犬无特征性症状，易被忽视。主要呈现轻度的异常现象，精神沉郁，常躲暗处，不听呼唤，性情敏感，举动反常，唾液增多，喜吃异物，易于激怒。

2）狂暴期 2～4天，病犬高度兴奋，常攻击人畜。狂暴与沉郁常交替出现。疲惫时卧地不动，但不久又立起，表现出特殊的斜视和惶恐表情。自咬四肢、尾及阴部等。

3）麻痹期 1～2天，病犬下颌下垂，舌脱出口外，流涎显著，后躯及四肢麻痹，卧地不起，最后因呼吸中枢麻痹或衰竭而死亡。整个病程7～10天。

（2）猫 一般表现为狂暴型，症状与犬相似，但病程较短，出现症状后2～4天死亡。病猫常藏匿暗处，不断咪叫，继而出现狂暴症状，凶猛攻击人和其他动物，有的病猫无目的地狂奔，最终因中枢神经麻痹而死亡。

（3）牛、羊 病牛初见精神沉郁，反刍减少、食欲降低，起卧不安，高声号叫，流涎，有阵发性兴奋和冲击动作，如冲撞墙壁，钻拱泥土。兴奋症状间歇性反复发作，并逐渐出现各种麻痹症状，最后倒地不起，衰竭而死。羊的狂犬病较少见，症状与牛相似，多无兴奋症状，或兴奋期较短，末期常麻痹而死。

（4）猪 病猪兴奋不安，横冲直撞，叫声嘶哑，流涎，反复用鼻拱地，攻击人畜。发作间歇期常钻入垫草，稍有声响即惊，无目的地乱跑，最后常发生麻痹症状，2～4天死亡。

（5）人 人狂犬病的临床表现可分为四期。

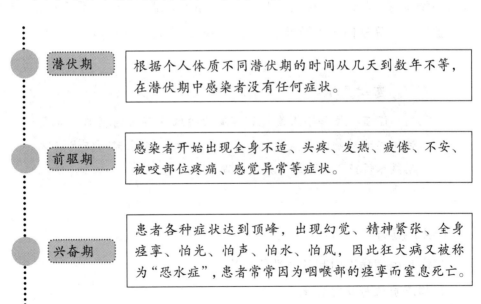

潜伏期　根据个人体质不同潜伏期的时间从几天到数年不等，在潜伏期中感染者没有任何症状。

前驱期　感染者开始出现全身不适、头疼、发热、疲倦、不安、被咬部位疼痛、感觉异常等症状。

兴奋期　患者各种症状达到顶峰，出现幻觉、精神紧张、全身痉挛、怕光、怕声、怕水、怕风，因此狂犬病又被称为"恐水症"，患者常常因为咽喉部的痉挛而窒息死亡。

昏迷期

如果患者能够度过兴奋期而侥幸活下来，就会进入昏迷期。本期患者深度昏迷，狂犬病的各种症状均不再明显，大多数进入此期的患者最终衰竭而死。

小知识

狂犬病病理变化

本病无特征性剖检变化，常见尸体消瘦，体表有伤痕，口腔和咽喉黏膜充血或糜烂，胃内空虚或有异物，胃肠道黏膜充血或出血。内脏充血，实质变性。脑膜有时充血。病理组织学检查有非化脓性脑炎变化。

2. 防治措施

早期的伤口处理极为重要。人被咬伤后应及时以 20% 肥皂水充分地清洗伤口，并不断擦拭。伤口较深者需用导管伸入，以肥皂水做持续灌注清洗。如有免疫血清，做皮试阴性后，可注入伤口底部和四周，伤口不宜缝合或包扎。

被犬、猫等咬伤或接触者皮肤有破损的，均要接种疫苗。

专家提示：

任何单位和个人发现家畜有上述临床异常情况的，应及时向当地动物防疫监督机构报告，并按照农业部《狂犬病防治技术规范》要求进行疫情处理。

（四）痘病

痘病是由痘病毒引起的急性传染病。

1. 临床症状与病理变化

（1）羊痘 潜伏期为 21 天。体温升至 40℃以上，2～5 天在皮肤上可见明显的局部性充血斑点，随后在腹股沟、腋下和会阴等部位，甚至全身出现红斑、丘疹、结节、水疱，严重的可形成脓疱。欧洲某些品种的绵羊在皮肤出现病变前可发生急性死亡；某些品种的山羊可见大面积出血性痘疹和大面积丘疹，可引起死亡。

病羊咽喉、气管、肺、胃等部位有特征性痘疹，严重的可形成溃疡和出血性炎症。真皮充血，浆液性水肿和细胞浸润。

（2）禽痘

1）皮肤型　在鸡冠、肉髯、眼睑和喙角，或泄殖腔周围、翼下、腹部及腿爪部等处，开始出现灰白色小结节，逐渐成为带红色的小丘疹，很快增至绿豆大的痘疹，呈黄色或灰黄色，凹凸不平，呈干硬结节，有时和邻近的痘疹互相融合，形成粗糙、棕褐色、疣状的大结节，突出皮肤表面，痘痂可以在皮肤上滞留3～4周之久，以后慢慢脱落，留下平滑的灰白色瘢痕，症状较轻的病鸡也可能不留瘢痕。皮肤型鸡痘一般比较轻微，没有全身性症状，严重病鸡，尤其幼雏表现为精神萎靡，食欲减退，体重减轻，甚至引起死亡，产蛋鸡则产蛋量显著减少或完全停产。

2）黏膜型　病初呈鼻炎症状，厌食，流浆液性鼻液，后为脓性鼻液，经2～3天在口腔、咽喉黏膜上形成黄白色小结节，稍突出黏膜表面，小结节逐渐增大并互相融合在一起，在黏膜上形成一层黄白色干酪样假膜，假膜是由坏死的黏膜组织和炎性渗出物凝固而形成，很像人的"白喉"，故称白喉型鸡痘。假膜不易剥离，用镊子强行撕去假膜，则露出红色溃疡面。随着病情的发展，假膜逐渐扩大和增厚，阻塞口腔和咽喉等部位，使病鸡尤其雏鸡呼吸和吞咽出现严重障碍，嘴也无法闭合，病鸡往往张口呼吸，发出"嘎嘎"的声音。病鸡采食困难，体重迅速减轻，精神萎靡，最后窒息死亡。此型多发于雏鸡和中鸡，死亡率高，小鸡可达50%。严重病鸡鼻和眼部也受到侵害，产生所谓眼鼻型鸡痘，先是眼结膜发炎，眼和鼻孔流出水样分泌物，后变成淡黄色脓液，时间稍长，病鸡因眶下炎性渗出物蓄积使眼部肿胀，可挤出干酪样物，病重者引起角膜炎而失明。

混合型病情较严重，死亡率较高。

病鸡脸部及鸡冠上布满痘斑

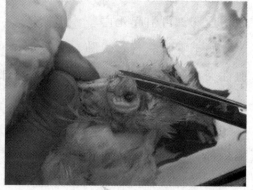

病鸡眼结膜内形成痘斑

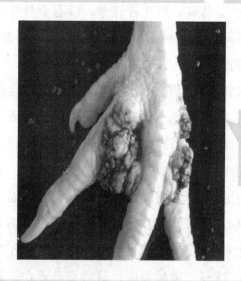

病鸡爪部形成
痘斑，破溃出血

痘病病理变化

喉头、气管上形成黄色痘斑，上腭腭裂形成痘斑，阻塞腭裂，眼结膜形成痘斑。

皮肤型和混合型禽痘的临床表现比较典型，根据临床症状及病理变化，可做出正确诊断。单纯的黏膜型禽痘易与传染性鼻炎、慢性呼吸道病、维生素A缺乏症等混淆，必要时应进行实验室诊断。

2. 防治措施

预防羊痘以免疫为主，采取"扑杀与免疫相结合"的综合性防治措施。任何单位和个人发现家畜有上述临床异常情况的，应及时向当地动物防疫监督机构报告，并按照农业部《绵羊痘防治技术规范》要求进行疫情处理。

禽痘一般采用对症疗法治疗，预防可用疫苗接种。

（五）链球菌病

链球菌病主要是由 β 溶血性链球菌引起的多种动物共患病。

1. 临床症状及病理变化

（1）猪链球菌病

1）急性败血型　最常见，多呈暴发性流行。最急性的往往不见明显症状即死亡。病程稍长的病猪体温升至 40 ～ 42℃，全身症状明显。食欲废绝，眼结膜潮红、流泪，流鼻液，便秘或腹泻，在耳、腹下及四肢末端出现紫斑。个别猪出现多发性关节炎，跛行或不能站立，有的病猪共济失调，磨牙，空嚼或昏睡。后期呼吸困难，1 ～ 4 天死亡。

2）脑膜炎型　多见于哺乳仔猪和断奶仔猪。

病初体温升至 40.5 ～ 42.5℃，停食，流浆液性或黏液性鼻液，继而出现神经症状，四肢共济失调，转圈、磨牙、仰卧、后肢麻痹、跛行，部分病猪出现关节炎，病程 1 ～ 5 天。

脑膜充血、出血，严重者溢血，部分脑膜下有积液。脑切面有针尖大的出血点，并有败血型病变。

3）关节炎型　由上述两型转化而来。

一肢或几肢关节肿胀，疼痛，跛行，重者不能站立，精神和食欲时好时坏，衰弱死亡或逐渐恢复，病程 2 ～ 3 周。

关节皮下有胶样水肿，关节囊内有黄色胶冻样或纤维素性脓性渗出物，关节滑膜面粗糙。

4）淋巴结脓肿型＝多见于颌下淋巴结，有时见于咽部和颈部淋巴结。淋巴结肿胀，有热痛，影响采食、咀嚼、吞咽和呼吸，有的咳嗽、流鼻涕，淋巴结逐渐肿胀成熟，中央变软，皮肤变薄，后自行破溃流出脓汁，之后全身状况好转，局部治愈，病程 2 ～ 3 周。

猪链球菌病病理变化

以出血性败血症病变和浆膜炎为主，血液凝固不良，黏膜、浆膜、皮下出血，鼻黏膜紫红色、充血及出血，喉头、气管黏膜出血，常见大量泡沫，肺充血肿胀，全身淋巴结有不同程度的充血、出血、肿大，有的切面坏死或化脓。黏膜、浆膜及皮下均有出血斑。心包及胸腹腔积液，混浊，含有絮状纤维素，附着于脏器，脾肿大。

（2）牛链球菌病

1）牛链球菌乳腺炎　①急性型表现为乳房明显肿胀、变硬、发热、有痛感；体温稍增高，烦躁不安，食欲减退，产奶量减少或停止，常侧卧，呻吟，后肢伸直。病初乳汁或保持原样，或呈现微蓝色至黄色，或微红色，或出现微细的凝块至絮片。②慢性型症状不明显，产奶量逐渐下降，乳汁可能带有咸味，有时呈蓝白色水样，间断地排出凝块和絮片。乳腺有硬肿块。

牛链球菌乳腺炎病理变化

①急性型病例乳房组织浆液浸润，组织松弛，切面发炎部分明显膨起，小叶间呈黄白色，柔软有弹性；乳房淋巴结髓样肿胀，切面显著多汁，小点出血。

②慢性型则以增生性发炎和结缔组织硬化、部分肥大、部分萎缩为特征。乳房淋巴结肿大。

2）牛肺炎链球菌病　曾称肺炎双球菌感染，主要发生于犊牛，主要经呼吸道感染，呈散发或地方性流行。最急性病例病程短，仅持续几小时。病初全身虚弱，不愿吮乳，发热，呼吸困难，眼结膜发绀，心脏衰弱，出现神经紊乱，四肢抽搐、痉挛，常急性败血性经过，几小时内死亡。有的病程延长1～2

天，鼻镜潮红，流脓液性鼻汁，结膜发炎，消化不良伴有腹泻。有的发生支气管炎、肺炎，伴有咳嗽，呼吸困难，共济失调，肺部听诊有啰音。

小知识

牛肺炎链球菌病病理变化

脾脏呈充血性增生性肿大，脾髓呈黑红色，质韧如硬橡皮，即所谓"橡皮脾"，是本病特征性病变；浆膜、黏膜、心包出血；胸腔渗出液增多并有积血；脾脏充血性增生性肿大；肝脏和肾脏充血、出血，有脓肿；成年牛感染则表现为子宫内膜炎和乳腺炎。

2. 防治措施

●应建立健全消毒隔离制度，保持圈舍清洁、干燥及通风，引进动物须经检验和观察。

●尽快确诊，划定疫点、疫区，隔离病畜，封锁疫区；对被污染的圈舍、工具进行消毒；对全群动物进行检疫，对病畜隔离治疗或淘汰。

●用疫苗进行免疫接种，对预防和控制本病效果显著。猪可选用青霉素、土霉素和四环素等。通过口服或注射途径连续用药4～5天可控制该病的流行。

●局部治疗：先将皮肤、关节及脐部等处的局部溃烂组织剥离，脓肿应予切开，清除脓汁，清洗和消毒；然后用抗生素和磺胺类药物以悬液、软膏或粉剂置入患处，必要时进行包扎。

（六）巴氏杆菌病（禽霍乱、猪肺疫）

巴氏杆菌病是由多杀性巴氏杆菌引起的一种急性、热性传染病。

1. 临床症状与病理变化

（1）禽霍乱

病鸡脸部肿胀

病鸡肉髯肿胀

1）鸡　①最急性型常发生在暴发的初期，特别是产蛋鸡，没有任何症状，突然倒地，双翅扑腾几下即死亡。②急性型最为常见，表现发热，少食或不食，精神不振，呼吸急促，鼻和口腔中流出混有泡沫的黏液，拉黄色、灰白色或淡绿色稀粪。鸡冠肉髯青紫色，肉髯肿胀、发热，最后出现痉挛、昏迷而死亡。③慢性多见于流行后期或常发地区，病变常局限于身体的某一部位，某些病鸡一侧或两侧肉髯明显肿大；某些病鸡出现呼吸道症状，鼻腔流黏液、脸部、鼻窦肿大，喉头分泌物增多，病程在 1 个月以上；某些病鸡关节肿胀或化脓，出现跛行。

2）鸭　除有鸡的症状外，呼吸困难，往往张口呼吸，并出现摇头，俗称为"摇头瘟"。

3）鹅　与病鸭相似，以急性型为主，表现精神沉郁，食欲废绝，下痢，喉头有黏稠分泌物，喙和蹼发紫，眼结膜有出血点。

禽霍乱病理变化

（1）鸡　最急性型死亡的病鸡无特殊病变，有时只能看见心外膜有少许出血点。急性病例病鸡的腹膜、皮下组织及腹部脂肪常见小点出血。心包变厚，心包内积有多量不透明淡黄色液体，有的含纤维素絮状液体，心外膜、心冠脂肪出血尤为明显。肺有充血或出血点。肝脏稍肿，质变脆，呈棕色或黄棕色，肝表面散布有许多灰白色、针头大的坏死点。肌胃出血显著，肠道尤其是十二指肠呈卡他性和出血性肠炎，肠内容物含有血液。

（2）鸭　死亡病鸭心包内充满透明橙黄色渗出物，心包膜、心冠脂肪有出血斑。多发性肺炎，间有气肿和出血。鼻腔黏膜充血或出血。肝微肿大，有针尖状出血点和灰白色坏死点。小肠前段和大肠黏膜充血和出血最严重；小肠后段和盲肠较轻。雏鸭呈多发性关节炎，关节面粗糙，附着黄色的干酪样物质或红色的肉芽组织。关节囊增厚，内含有红色浆液或灰黄色、混浊的黏稠液体。肝脏发生脂肪变性和局部坏死。

（2）猪肺疫　潜伏期 1 ~ 14 天。

1）最急性型　俗称锁喉风，往往突然死亡。前 1 天未见任何症状，翌日晨已死于圈中。经过稍慢的，体温升高（41 ~ 42℃），结膜发绀，耳根、颈部及腹部皮肤变成红紫色，有时并有出血斑点。最明显的症状是咽喉部急性肿胀、发红，触诊热而坚实，按压有明显的颤抖，严重者肿胀向上可延伸到耳根，向后可达前胸。患猪呼吸极度困难，口鼻流出泡沫，常做犬坐姿势，多因窒息死亡。病程 1 ~ 2 天，致死率 100%。

2）急性型　呈败血症和急性胸膜肺炎。体温 40 ~ 41℃，痉挛性咳嗽和湿咳，流黏液性带血鼻液。呼吸困难呈犬坐姿势，可视黏膜发绀，眼结膜有黏性分泌物。初便秘后腹泻，后期皮肤瘀血或有小出血点，呼吸更加困难，多因窒息而死，不死者往往转为慢性。

3）慢性型　有肺炎和肠炎症状，持续咳嗽，呼吸困难，鼻孔有脓性分泌物。长期下痢，日渐消瘦。有时皮肤出现痂样湿疹，关节肿胀和跛行。多经 2 ~ 4 周因衰竭死亡，其中 30% ~ 40% 的病例可逐渐痊愈，但生长发育往往停滞。

猪肺疫病理变化

①最急性型：咽喉黏膜有急性炎症，周围组织浆液浸润。淋巴结出血肿胀。肺急性水肿，肾及膀胱可能有出血点。

②急性型：主要为胸膜肺炎，肺有各期肺炎病变，有出血斑点、水肿、气肿和红色肝变区，或有纤维样黏附物，常与胸膜粘连。支气管淋巴结肿大，胃肠道有卡他性或出血性炎症。

③慢性型：肺多处坏死灶。胸膜及心包有纤维素絮状物附着。

确诊时，可采取病猪的肝、脾和淋巴结做涂片染色镜检，发现两极染色小杆菌，结合病状、剖检和病史即可做出确诊。

（3）兔巴氏杆菌病

1）出血性败血症型　最急性的常无明显症状而突然死亡，以鼻炎和肺炎混合发生的败血症最常见。病兔精神萎靡不振，食欲减退但没有废绝，体温升高，鼻腔流出浆液性、黏液性或脓性鼻液，有时腹泻。临死前体温下降，四肢抽搐，病程数小时至3天。

2）传染性鼻炎型　鼻腔流出浆液性、黏液性或脓性分泌物，呼吸困难，打喷嚏、咳嗽，鼻液在鼻孔处结痂，堵塞鼻孔，使呼吸更加困难，并出现呼噜声。由于患兔经常用爪挠抓鼻部，可将病菌带入眼内、皮下等，诱发其他病症。病程一般数日至数月不等，治疗不及时多衰竭死亡。

3）地方性肺炎型　常由传染性鼻炎继发而来。由于獭兔的运动量很小，自然发病时很少看出肺炎症状，直到后期严重时才表现为呼吸困难。患兔食欲不振、体温升高、精神沉郁，有时会出现腹泻或关节肿胀症状，最后多因肺严重出血、坏死或败血而死。

4）中耳炎型　又称斜颈病，是病菌扩散到内耳和脑部的结果。成年兔多发，刚断奶的幼兔也可发病。严重的患兔，向着头倾斜的一方翻滚，一直到被物体阻挡为止。由于两眼不能正视，患兔饮食极度困难，逐渐消瘦。病程长短不一，最终因衰竭而死。

5）结膜炎型　病兔流泪，结膜充血、红肿，眼内有分泌物，常将眼睑黏住。

6）脓肿、子宫炎及睾丸炎型　脓肿可以发生在身体各处。皮下脓肿开始时，皮肤红肿、硬结，后来变为波动的脓肿。子宫发炎时，母体阴道有脓性分泌物。公兔睾丸炎可表现一侧或两侧睾丸肿大，有时触摸感到发热。

兔巴氏杆菌病病理变化

①死于鼻炎型的病兔鼻腔积有多量黏性或脓性分泌物，鼻窦和鼻旁窦内有分泌物，窦腔内层黏膜红肿。

②肺炎型常表现为急性纤维素性肺炎和胸膜炎变化。

③败血症型除一般败血病变化外，常见鼻炎和肺炎的变化，肝脏变性，并有许多坏死小点。

④中耳炎型的鼓膜和鼓室内壁变红，有时鼓室破裂，脓性渗出物流入外耳道，严重时出现化脓性脑膜炎病变。

2.防治措施

圈舍、环境定期消毒。预防接种是预防本病的重要措施，每年定期进行有计划免疫注射。也可选用磺胺类药物、新霉素、土霉素、喹诺酮类等敏感药物进行治疗。

（七）沙门菌病（鸡白痢、猪副伤寒）

沙门菌病又称副伤寒，是各种动物由沙门菌属细菌引起的疾病总称。

1.鸡白痢

（1）临床症状与病理变化　3周龄以内雏鸡临床症状较为典型，怕冷、扎堆儿、尖叫、两翅下垂、反应迟钝、不食或少食、拉白色糊状稀粪，有时黏着在泄殖腔周围，发生"糊肛"现象，影响排粪。肺型白痢出现张口呼吸症状，最后因呼吸困难、心力衰竭而死。某些病雏出现眼盲或关节肿胀、跛行。病程一般4～7天，短者1天，20日龄以上鸡病程较长，病鸡极少死亡。耐过鸡生长发育不良，成为慢性患者或带菌者。成年鸡一般呈慢性经过，无任何症状或仅出现轻微症状。冠和眼结膜苍白，渴欲增加，产量下降。

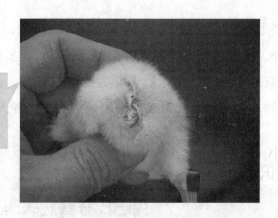

鸡白痢：病雏
发生"糊肛"现象

小知识

鸡白痢病理变化

　　早期死亡病变不明显，只表现肝脾肿大和瘀血、胆囊充盈、肺充血或出血，病程稍长者，表现比较明显。

　　雏鸡特征病变为肺脏、肝脏、心肌上有黄白色米粒大小的坏死结节。卵黄吸收不全，肝、脾、肾肿胀，有散在或密布的坏死点。肾充血或贫血，肾小管和输尿管充满尿酸盐；盲肠膨大，有干酪样物阻塞，直肠有白色糊状稀粪。

　　育成鸡肝脏肿大至正常的数倍，质地极脆，一触即破，有散在或较密集的小红点或小白点；脾脏肿大；心脏严重变形、变圆、坏死，心包增厚，心包扩张，心包膜呈黄色不透明，心肌有黄色坏死灶，心脏形成肉芽肿；肠道呈卡他性炎症，直肠形成豌豆粒大小的结节。

　　慢性带菌的种母鸡出现卵泡变形，种公鸡出现睾丸炎。

（2）防治措施

　　●净化种鸡群，定期进行鸡白痢检疫，发现病鸡及时淘汰，建立无鸡白痢的健康种鸡群。

　　●加强种蛋、孵化机、孵化室、育雏室的消毒。

　　●加强育雏饲养管理，育雏室及运动场要清洁干燥，饲料槽及饮水器每天清洗，防止鸡粪污染。

- 育雏室保持适宜的温度和通风，使饲养密度适宜，避免拥挤。
- 鸡群发病后，饲料或饮水中添加敏感药物，常用药物有甲砜霉素、氟苯尼考、恩诺沙星等。为了合理用药，应经常分离致病菌株，做药敏试验，并讲究用药途径。

2. 猪副伤寒

急性仔猪副伤寒：
耳朵末梢有出血斑点

（1）临床症状与病理变化

1）急性败血型　病初体温升高为41～42℃，精神沉郁，不食；后期下痢，出现水样、黄色粪便，呼吸困难，耳尖、胸前、腹下及四肢末端皮肤有紫红色斑点。多数病程为2～4天。病死率高。

2）亚急性型和慢性型　体温40.5～41.5℃，精神不振，寒战，扎堆儿，眼有黏性或脓性分泌物，上下眼睑常被黏着，少数发生角膜混浊，严重的发展为溃疡，甚至穿孔。病猪食欲减退，消瘦，初便秘后下痢，粪便呈水样淡黄色或灰绿色，恶臭。部分病猪发病中后期皮肤出现弥漫性湿疹，特别腹部皮肤，有时可见绿豆大小、干枯的浆性覆盖物，揭开可见浅表溃疡。病程2～3周或更长，最后极度消瘦，衰竭而死，死亡率低。康复病例往往生长不良，成为僵猪。

猪副伤寒病理变化

①急性者呈败血症变化。全身各黏膜、浆膜均有不同程度的出血斑点。脾脏肿大、质地较硬，色暗带蓝，肠系膜淋巴结索状肿大，其他淋巴结肿大。肝、肾不同程度肿大、充血、出血。有时见肝实质有黄灰色坏死点。

②亚急性和慢性病死猪特征性病变是盲肠、结肠可见坏死性肠炎，有时波及回肠后段，肠壁增厚，肠黏膜表面覆盖一层灰黄色弥漫性坏死性腐乳状物质，剥开可见底部红色、边缘不规则的溃疡面。肠系膜淋巴结索状肿胀，部分呈干酪样变化。有的可在肺的心叶、尖叶和膈叶前下缘发现肺炎实变区。

（2）防治措施

● 圈舍彻底清扫、消毒，粪便堆积发酵后再利用。

● 1月龄以上哺乳或断奶仔猪，用仔猪副伤寒冻干弱毒菌苗预防，免疫期9个月。

● 发病时对易感猪群要进行药物预防，可将药物拌在饲料中，连用5～7天。治疗药物有氟苯尼考、环丙沙星、土霉素、复方新诺明、庆大霉素、磺胺嘧啶等抗菌药。最好进行药敏试验，选择敏感药物。

（八）大肠杆菌病

大肠杆菌病是由大肠杆菌的某些致病性血清型菌株引起的多种动物不同疾病的总称。

1. 临床症状与病理变化

（1）禽大肠杆菌病

1）鸡胚和雏鸡早期死亡　病雏突然死亡或表现软弱、发抖、昏睡、腹胀、畏寒聚集、下痢（白色或黄绿色），多数病鸡有脐炎，个别有神经症状。病雏除有卵黄囊病变外，多数发生脐炎、心包炎及肠炎。感染鸡可能不死，常表现卵黄吸收不良及生长发育受阻。

2）急性败血症　本病常引起幼雏或成鸡急性死亡。特征性病变是肝脏呈绿色和胸肌充血，肝脏边缘钝圆，外有纤维素性白色包膜。各器官呈败血症变化。也可见心包炎、腹膜炎、肠卡他性炎等病变。

3）气囊炎　该病主要发生于3～12周龄幼雏，3～8周龄肉仔鸡最为多见。病鸡表现沉郁，呼吸困难，有啰音和喷嚏等症状。气囊壁增厚、混浊，有的有纤维样渗出物，并伴有纤维素性心包炎和腹膜炎等。

4）肉芽肿　病鸡消瘦贫血、减食、拉稀。在肝、肠（十二指肠及盲肠）、肠系膜或心上有菜花状增生物，针头大至核桃大不等，很易与禽结核或肿瘤相混。

5）心包炎　大肠杆菌发生败血症时发生心包炎，常伴发心肌炎。心外膜水肿，心包囊内充满淡黄色纤维素性渗出物，心包粘连。

6）输卵管炎及腹膜炎　常通过交配或人工授精时感染，多呈慢性经过，并伴发卵巢炎、子宫炎。母鸡减产或停产，呈直立企鹅姿势，腹下垂、恋巢，最后消瘦死亡。其病变与鸡白痢相似。输卵管扩张，内有干酪样团块及恶臭的渗出物为特征。

7）关节炎及滑膜炎　表现为关节肿大，内含纤维素或混浊的关节液，多发生于雏鸡和青年鸡。

8）眼炎　一般发生于败血型后期，脸部肿胀，一侧或两侧眼睛肿胀、流泪，有脓性分泌物，甚至失明。病鸡食欲减退或废绝，经7～10天衰竭死亡。

9）脑炎　表现为昏睡、斜颈，歪头转圈，共济失调，抽搐，伸脖，张口呼吸，采食减少，拉稀，生长受阻，产蛋显著减少。主要病变为脑膜充血、出血、脑脊髓液增加。

10）肿头综合征　表现为眼周围、头部、颌下、肉垂及颈部上2/3水肿，病鸡打喷嚏，并发出咯咯声，剖检可见头部、眼部、下颌及颈部皮下黄色胶样渗出。

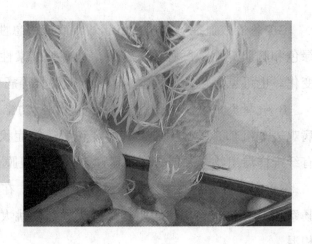

关节炎型大肠杆菌病：病鸡关节肿胀出血

（2）猪大肠杆菌病

1）仔猪黄痢　又称早发性大肠杆菌病，是 1 ~ 3 日龄仔猪发生的一种急性、高度致死性的疾病。临床上以剧烈腹泻、排黄色水样稀便、迅速死亡为特征。

尸体脱水严重，皮下常有水肿，肠道膨胀，有多量黄色液体内容物和气体，肠黏膜呈急性卡他性炎症，其中以十二指肠最为严重，肠系膜淋巴结有弥漫性小点出血，肝、肾有凝固性小坏死灶。

2）仔猪白痢　由大肠杆菌引起的 2 ~ 4 周龄仔猪的一种急性消化道传染病。发病率高而致死率低。体温一般无明显变化。病猪突然腹泻，排出白色、灰白色以至黄色糊状有特殊腥臭的粪便，腹泻次数不等。病程 2 ~ 3 天，长的 1 周，很少死亡，能自行康复，但仔猪生长发育迟缓，育肥周期延长。

尸体外表苍白、消瘦，肠黏膜呈急性卡他性炎症，肠系膜淋巴结轻度肿胀。

3）仔猪水肿病　是由溶血性大肠杆菌毒素所引起的，以断奶仔猪眼睑或其他部位水肿、神经症状为主要特征的疾病。该病多发于仔猪断奶后 1 ~ 2 周，发病率 5% ~ 30%，病死率在 90% 以上。

仔猪水肿病：病猪眼睑水肿、充血，呈跪趴状

2. 防治措施

●控制本病重在预防，应优化饲养环境，加强饲养管理，科学消毒，增强畜禽免疫力。

●怀孕母畜应加强产前产后的饲养和护理，仔畜及时吮吸初乳，饲料配比适当，勿使饥饿或过饱。

●对密闭关养的畜群，尤其要防止各种应激因素的不良影响。

●用针对本地（场）流行的大肠杆菌血清型制备的多价活苗或灭活苗接种妊娠母畜或种禽，可使仔畜或雏禽获得被动免疫。

●本病的急性经过往往来不及救治，可使用经药敏试验敏感的抗生素和磺胺类药物，并辅以对症治疗。

（九）结核病

结核病是由三型分枝杆菌（结核分枝杆菌、牛分枝杆菌、禽分枝杆菌）引起的一种人畜共患慢性传染病。

1. 临床症状与病理变化

（1）牛结核病　潜伏期一般为 3 ~ 6 周，有的长达数月或数年。临床通常呈慢性经过，以肺结核、乳房结核和肠结核最为常见。

 肺结核

以长期顽固性干咳为特征，且以清晨最为明显。患畜容易疲劳，逐渐消瘦，病情严重者可见呼吸困难。

肺结核 以长期顽固性干咳为特征，且以清晨最为明显。患畜容易疲劳，逐渐消瘦，病情严重者可见呼吸困难。

乳房结核 一般先是乳房淋巴结肿大，继而后方乳腺区发生局限性或弥漫性硬结，硬结无热无痛，表面凹凸不平。泌乳量下降，乳汁变稀，严重时乳腺萎缩，泌乳停止。

肠结核 病牛消瘦，持续下痢与便秘交替出现，粪便常带血或脓汁。

牛结核病病理变化

肺脏、乳房和胃肠黏膜等处形成特异性白色或黄白色结节。

胸膜和腹膜可发生密集的结核结节，质地坚硬，形如珍珠。

胃肠黏膜可能有大小不等的结核节结或溃疡。

乳房结核多发生于进行性病例，剖开可见有大小不等的病灶，内含有干酪样物质。

子宫病变多为弥漫干酪化，多出现在黏膜上，黏膜下组织或肌层组织内也有的发生节结、溃疡或瘢痕化。

（2）猪结核 病猪结核病主要经消化道感染，多表现为淋巴结核，病猪发生不明原因的渐进性消瘦，顽固性下痢，体表淋巴结慢性肿胀等。当肠道有病灶时则发生下痢。

猪结核病病理变化

多表现为淋巴结核,在扁桃体和颌下淋巴结发生病灶。

2. 防治措施

● 畜禽结核病一般不予治疗,而是采取以"监测、检疫、扑杀和消毒"相结合的综合性防治措施。

● 加强检疫隔离,防止疾病传入,净化污染群,培养健康畜群。

● 每年对畜禽用结核菌素试验进行多次普检并定期进行环境彻底消毒。

专家提示:

牛结核病的疫情报告与处理、防治措施、控制和净化标准按照《牛结核病防治技术规范》进行处理。 发生重大牛结核病疫情时,当地县级以上人民政府应按照《重大动物疫情应急条例》的有关规定,采取相应的疫情扑灭措施。

(十) 布鲁杆菌病

布鲁杆菌病又称波浪热,是由布鲁杆菌引起的人畜共患传染病。

1. 临床症状与病理变化

最显著症状是怀孕母畜发生流产,流产后可能发生胎衣滞留和子宫内膜炎,从阴道流出污秽不洁、恶臭的分泌物。新发病的畜群流产较多;老疫区畜群发生流产的较少,但发生子宫内膜炎、乳腺炎、关节炎、胎衣滞留、久配不孕的较多。公畜往往发生睾丸炎、附睾炎或关节炎。

人感染布鲁杆菌病临床表现复杂多变、症状轻重不一,与多种疾病相类似,易发生误诊。患者长期低热或波浪热,寒战,盗汗,全身不适,可引发关节炎、神经痛、肝脾肿大、睾丸炎、附睾炎、流产，可能反复发作。凡有与易感动物或其产品接触者，在发生类似布鲁杆菌病症状时，做布鲁杆菌检查（变态反应），力争早确诊早治疗。有的因发现晚或误诊，会造成不育。

布鲁杆菌病病理变化

生殖器官的炎性坏死，脾、淋巴结、肝、肾等器官形成特征性肉芽肿（布病结节）。有的可见关节炎。胎儿呈败血症病变，浆膜和黏膜有出血点和出血斑，皮下结缔组织发生浆液性、出血性炎症。

2. 防治措施

●引种时严格检疫，隔离观察 2 个月，两次检查全为阴性方可混群。定期检疫，1 年至少 1 次，疫区检疫每年至少进行 2 次。病畜一律屠宰做无害化处理。

●从幼畜着手，猪在 2 月龄及 4 月龄检疫 2 次，牛在 5 月龄及 9 月龄检疫 1 次。羔羊在断奶后 1 个月内检疫两次。

●目前有牛 19 号苗、猪 S2 菌苗、羊 M5 菌苗供接种防疫。各种活苗对人都有不同程度的残余毒力，防疫人员应注意自身防护。

●布鲁杆菌病一般不做治疗，淘汰病畜是唯一办法。

特别提示

常与家畜接触者，特别是在接产或处理流产时要谨慎，暴露的皮肤应涂擦凡士林，戴眼镜、口罩、胶皮手套和穿胶靴等。处理完毕应立即严格消毒，胎衣等物要深埋。现场要用 2% 的氢氧化钠消毒，用具、工作服等可用 3% 的来苏儿浸泡消毒。

（十一）附红细胞体病

附红细胞体病是由附红细胞体寄生于人、猪等多种动物的红细胞或血浆中引起的一种人畜共患传染病。

1. 临床症状与病理变化

（1）急性　首先出现肺炎，表现高热，皮肤、黏膜苍白，四肢特别是耳郭边缘发绀、坏死，有时可见黄疸、腹泻。以断奶仔猪特别是阉割后几周多见。育肥猪日增重下降，易发生急性溶血性贫血。后期常继发肠炎而下痢。

（2）慢性　病猪表现贫血、消瘦，常常成为僵猪。猪附红体可长期存在于猪体内，病愈猪可终生带菌。

母猪感染后呈急性感染，食欲不振，持续高热、呼吸急促、贫血、皮肤苍白，少乳或无乳，以产后多见；慢性感染母猪还可出现繁殖障碍，如受孕率降低、发情推迟、流产、死产、弱仔等，但少有木乃伊胎。

小知识

附红细胞体病病理变化

全身脂肪和脏器显著黄染。肺水肿，心包积液，全身淋巴结肿大，肝脾和胆囊肿大，胆汁充盈。发热病猪血液呈水样，稀薄，不黏附试管壁；将试管中含抗凝剂的血液冷却至室温倒出，可见管壁上有粒状微凝血，将血液冷却，这种现象更明显，当血液加热到37℃时这种现象几乎消失。

2. 防治措施

● 在实施诸如剪齿、阉割、打耳号、断尾等管理程序时，均应注意更换器械或严格消毒。

● 定期驱杀蚊虫、虱子等，防止猪只斗殴、咬架。

● 在本病的高发季节，可在饲料中添加药物预防：饲料中添加土霉素800毫克/千克和阿散酸45～90毫克/千克，拌料服用1个月；饮料中添加金霉素48克/吨，或用50毫克/升的水，投服或饮服大群猪。

小知识

附红细胞体病常用药物

①血虫净 在猪发病初期，采用该药效果较好，按5~7毫克/千克体重深部肌内注射，间隔48小时重复用药一次。

②阿散酸 对病猪群，每吨饲料混入180克，连用1周，以后改为半量，连用1个月。

③土霉素 按3毫克/千克体重肌内注射，连用1周。

（十二）弓形体病

弓形体病是由弓形体寄生于多种动物（如猪、马、牛、羊、犬等）有核细胞内引起的一种人畜共患寄生虫病。

1. 临床症状与病理变化

3 ~ 5月龄的仔猪最易感，且发病后病情严重。弓形体病主要引起神经、呼吸及消化系统的症状。潜伏期为 3 ~ 7 天，病初体温升高，可达 42℃，呈稽留热，一般维持 3 ~ 7 天。病猪精神迟钝，食欲废绝，便秘或拉稀，有时带有黏液和血液；呼吸急促，每分 60 ~ 80 次，咳嗽；视网膜、脉络膜发炎甚至失明；皮肤有紫斑，体表淋巴结肿胀。怀孕母猪还可发生流产或死胎。耐过急性期后，病猪体温恢复正常，食欲逐渐恢复，但生长缓慢，成为僵猪，并长期带虫。

小知识

弓形体病病理变化

急性病例表现为全身淋巴结、肝脏、脾脏、肾脏等肿大，并有许多出血点和针尖大到米粒大灰白色坏死灶。肺间质水肿，并有出血点。

慢性病例主要表现各内脏器官的水肿及散在的坏死灶。主要见于老龄动物。

2. 防治措施

- 防止猪的饲料、饮水等被猫粪直接或间接污染。
- 控制或消灭鼠类，以防止猪食入鼠类。
- 不用生肉喂猫，猫粪应进行无害化处理等。
- 急性病例使用磺胺类药物有一定疗效，磺胺药与乙胺嘧啶合用有协同作用。亦可使用林可霉素。

（十三）球虫病

球虫病是由多种艾美耳球虫寄生引起的一种原虫病。

1.鸡球虫病

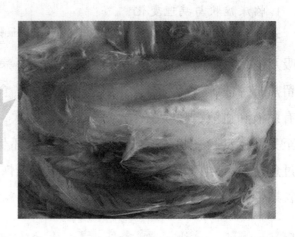

鸡球虫病：病鸡
肌肉贫血

（1）临床症状与病理变化 鸡感染球虫，未出现临床症状之前，采食量明显增加，继而精神不振，食欲减退，羽毛松乱，缩颈闭目呆立；贫血，皮肤、冠和肉髯颜色苍白，逐渐消瘦；拉血样粪便，或暗红色、西红柿样粪便，严重者甚至排出鲜血，尾部羽毛被血液或暗红色粪便污染；日龄较大的鸡患球虫病时，一般呈慢性经过，症状较轻，病程长，呈间歇性下痢，饲料报酬低，生产性能降低，死亡率低。

小知识

鸡球虫病病理变化

不同种类的艾美耳球虫感染后，其病理变化也不同。

①柔嫩艾美耳球虫 盲肠肿大2～3倍，呈暗红色，盲肠内集有大量血液、血凝块，浆膜外有出血点、出血斑，盲肠黏膜出血、水肿和坏死，盲肠壁增厚。

②毒害艾美耳球虫 损害小肠中段，肠管变粗、增厚，有严重坏死，黏膜上有许多小出血点，肠内有凝血或西红柿样黏性内容物。

③巨型艾美耳球虫 损害小肠中段，肠管扩张，肠壁增厚，内容物黏稠呈淡红色。

④堆式艾美耳球虫　损害十二指肠和小肠前段，同一段的虫体常聚集在一起，在肠上皮表层发育，被损伤肠段肠壁水肿增厚形成假膜样坏死，出现大量淡白色斑点或斑纹。

⑤哈氏艾美耳球虫　损伤小肠前段，肠壁浆膜上可见米粒大小的出血点，黏膜水肿和严重出血。

若多种球虫混合感染，则肠管粗大，肠黏膜上有大量的出血点，肠管中有大量带有脱落肠上皮细胞的紫黑色血液。

（2）防治措施

●加强饲养管理，保持鸡舍干燥、通风和鸡舍卫生，定期清除粪便，堆放发酵以杀灭卵囊。

●保持饲料、饮水清洁，笼具、料槽、水槽定期消毒，墙壁、地面用20%石灰水或5%火碱水进行消毒。

●10～15日龄开始给药，常用药物有氨丙啉、尼卡巴嗪、球痢灵、克球粉、常山酮、杀球灵、莫能霉素、拉沙洛菌素、盐霉素、马杜梅素等，为预防球虫在接触药物后产生耐药性，应采用穿梭用药、轮换用药或联合用药方案。

●使用球虫弱毒疫苗按说明书进行免疫，免疫后3周内禁用抗球虫药物，2周内垫料不准更换。

2. 兔球虫病

（1）临床症状与病理变化　根据球虫的寄生部位可分为肠型、肝型和混合型三种。开始时病兔食欲减退，精神沉郁，伏卧不动，生长停滞，眼鼻分泌物增多，体温升高，腹部胀大，臌气，下痢，肛门沾污，排粪频繁。肠球虫病有顽固性下痢，甚至拉血痢，或便秘与腹泻交替发生。肝球虫病则肝脏肿大，肿区触诊疼痛，黏膜黄染。家兔球虫病的后期往往出现神经症状，四肢痉挛、麻痹，因极度衰竭而死亡。肠型死亡快，肝型较慢。

兔球虫病病理变化

肠型球虫病见十二指肠壁厚，内腔扩张，黏膜炎症。小肠内充满气体和大量微红色黏液，肠黏膜充血并有出血点。慢性者，肠黏膜呈灰色，有许多小而硬的白色小结节，内含有卵囊。肝球虫病则肝大，肝表面与实质内有白色或淡黄色的结节性病灶，取结节压碎镜检，可见到各个发育阶段的球虫。日久的病灶，其内容物变为粉粒样钙化物。剖检所见多数为肠球虫和肝球虫混合感染。

（2）防治措施

●加强兔场管理，成年兔和小兔分开饲养，断乳后的幼兔要立即分群，单独饲养。

●保证饲料新鲜及清洁卫生，饲料应避免粪便污染，每天清扫兔笼及运动场上的粪便，定期消毒。

●兔舍建筑应选择向阳、干燥的地方，并保持环境的清洁卫生。

●食具要勤清洗消毒，兔笼尤其是笼底板要定期用火焰消毒，以杀死卵囊。

●断奶后至3月龄的兔应用药物控制球虫病的发生，且不分季节。为防止产生抗药性，可轮换应用抗球虫药物。

●采用莫能霉素等药物预防本病发生。发现病兔立即隔离治疗，治疗药物可用磺胺间甲氧嘧啶等。

●发现病兔应按《中华人民共和国动物防疫法》规定，采取严格控制、扑灭措施，防止扩散。病兔应隔离、治疗或扑杀，病死兔的尸体、内脏等应深埋或焚烧。兔笼、用具等应严格消毒，兔粪堆积发酵。消灭兔场内的鼠类、蝇类及其他昆虫。

（十四）蛔虫病

蛔虫病是肠道寄生虫病的一种。

1.临床症状与病理变化

（1）雏禽　常表现为生长发育不良，精神沉郁，羽毛松乱，行动迟缓，食欲不振，下痢，有时粪中混有带血黏液，消瘦、贫血，眼结膜、鸡冠苍白，最终可因衰弱而死亡，严重感染者可造成肠堵塞导致死亡；成年家禽一般不表现症状，但严重感染时表现下痢、产蛋量下降和贫血等。

（2）猪　主要症状是生长缓慢，皮毛粗乱，间断性腹泻。蛔虫卵在猪肠道内孵出幼虫后先后移行至肝脏、肺脏，最后返回到肠道，感染一定数量后可引起相应的肝炎、肺炎及肠炎症状，少量感染症状不明显。

蛔虫病病理变化

①病禽　肠道黏膜发炎、出血，肠壁增厚，肠壁上有颗粒状化脓灶或结节，严重感染时可见大量虫体聚集于十二指肠和小肠，相互缠结，引起肠阻塞，甚至肠破裂和腹膜炎。

②病猪　大量感染时，幼虫移行至肝脏可导致肝脏形成白色坏死灶而呈现乳斑肝移行至肺部可导致肺泡破裂；成虫在肠道聚集，堵塞肠管，或钻入胆管堵塞胆管。

2.防治措施

●实行全进全出制，进动物前畜禽舍及运动场都需进行彻底清洗和消毒，饲槽、用具要清洁消毒。

●平时搞好环境卫生，及时清除粪便，堆积发酵，杀灭虫卵。

●雏禽应与成禽分群饲养，雏禽采用笼养或网上饲养，使禽与粪便隔离，减少感染机会；定期驱虫。

●发病禽群用丙硫咪唑、左旋咪唑、噻苯唑、伊维菌素或驱蛔灵等拌料饲喂，注意补充维生素A和消除肠道炎症，加速肠黏膜的修复。

●母猪转入产房前要用温肥皂水清洗全身，以免由于粪便污染乳头导致仔猪感染。

●规模化养猪场，首先要对全群猪进行驱虫，以后公猪每年至少驱虫2次，散养育肥猪可在3月龄和5月龄各驱虫1次，后备猪在配种前驱虫1次，母猪在产前1～2周驱虫1次，仔猪转圈时驱虫1次，新引进的猪须驱虫后再和其他猪混群。

小知识

猪蛔虫病治疗措施

（1）丙硫咪唑（阿苯达唑）　按每千克体重10毫克，口服。

（2）氟苯咪唑　按每千克体重30毫克混饲，连用5天；或5毫克一次口服。

（3）甲苯咪唑　按每千克体重10～20毫克，混饲。

（4）左旋咪唑　按每千克体重10毫克，喂服或肌内注射。

（5）伊维菌素　按每千克体重0.3毫克，一次皮下注射；预混剂，每天0.1毫克，连用7天。

（十五）疥癣

疥癣是由于疥癣螨虫的寄生引起的皮炎，是一种人畜共患寄生虫病。

1. 临床症状与病理变化

（1）兔疥癣病　又称螨病、生癞、石灰脚、干爪病等，对养兔业的威胁极大。

1）身癣　由疥螨和背肛疥螨引起。先由脚、嘴及鼻子周围发病，出现剧痒和疼痛，病兔不安。局部脱毛，有液体渗出，形成干涸的黄白色结痂，皮肤增厚和龟裂等，常导致细菌感染而病情加重。患兔代谢紊乱，采食和休息受到影响，逐渐消瘦、贫血，最终死亡。

2）耳癣　由痒螨引起，主要寄生在外耳道，以口器穿刺皮肤，不仅吸收其营养，还分泌毒素，患部奇痒、发炎，流出渗出液，干涸后形成黄褐色结痂，严重时结痂堵塞整个耳道。患兔不安，不断摇头甩耳，采食和休息受到影响，逐渐消瘦而死亡。

（2）羊疥癣病　羊初期多在无毛或稀毛处的皮肤发病，后期可波及全身。表现为奇痒、皮肤炎、脱毛、消瘦。

（3）猪疥癣病　又称猪疥螨病。猪疥螨感染后，通常起始于头部的眼圈、颊部和耳朵等部位，以后蔓延到背部、躯干两侧及四肢。患部发痒，猪常以肢搔痒或就墙角、栏柱等处摩擦。数日后，患部皮肤上出现针头大小的结节，随后形成水疱或脓疱。当水疱及脓疱破溃后，结成痂皮。病情严重时体毛脱落，皮肤的角化程度增强、干枯，食欲减退，生长停滞，逐渐消瘦，甚至死亡。

疥螨：仔猪面部、耳朵疥螨感染结痂

2.防治措施

- 保持畜舍的透光、干燥和通风。
- 畜舍及用具用10%～20%石灰乳（每平方米用2升）进行消毒。
- 引进动物时，要经过仔细检查，确定无螨病后再混入动物群。
- 对已经确诊的患畜，应及时隔离治疗。伊维菌素、溴氰菊酯、蝇毒磷、敌百虫、倍硫磷、烟草等均有杀螨之效，用药方法有注射、喷洒和局部涂擦等。

二、禽病

（一）鸡新城疫

鸡新城疫又称亚洲鸡瘟，是家禽的一种急性传染病。

1. 临床症状与病理变化

鸡新城疫：病死鸡口腔流出大量绿色酸臭液体，病鸡拉草绿色稀便

（1）非典型症状　发生于有一定抗体水平的免疫鸡群，病情比较缓和，发病率和死亡率都不高；临床表现以呼吸道症状为主，病鸡张口呼吸、咳嗽、呼噜，采食量轻微下降，嗉囊积液，从口腔流出酸绿发臭液体，排绿色粪便，继而出现个别鸡扭头等神经症状。成年鸡产蛋率下降 20% ~ 30%，严重者可达 50%，并出现畸形蛋、褪色蛋、软壳蛋和沙皮蛋。

（2）典型症状　当非免疫鸡群或严重免疫失败鸡群受到嗜内脏型、嗜肺脑型毒株感染时，可引起典型新城疫的暴发，鸡群突然发病，个别鸡未表现症状就迅速死亡，发病率和死亡率在 50% 以上，临床表现为体温升高，鸡冠和肉髯暗红色，精神萎靡、嗜睡；采食量减少或废绝，嗉囊内有大量发绿酸臭液体，倒提鸡只从口中流出；拉草绿色稀便；呼吸困难，甩头，气管内有啰音，咳嗽，呼噜，严重时张嘴伸颈呼吸；后期可见扭头、翅膀麻痹、仰头观星状、点头或跛行等神经症状；蛋鸡产蛋率下降，褪色蛋、薄壳蛋、畸形蛋明显增多。

小知识

鸡新城疫病理变化

（1）非典型新城疫　致死的鸡病变轻微，腺胃乳头很少见到出血，主要表现十二指肠、回肠腺体和盲肠扁桃体肿大、出血。

（2）典型新城疫　可见喉头、支气管上端水肿、出血，气管内积有黏液或干酪物。腺胃乳头肿大出血，腺胃与肌胃交界处、腺胃与食道交界处出血或溃疡，肌胃角质层下出血，胆汁反流进入腺胃与肌胃，十二指肠及小肠黏膜有出血和溃疡，肠道腺体肿大出血，严重时形成枣核样坏死，盲肠扁桃体肿大出血和溃疡，卵泡出血、萎缩和液化甚至卵泡破裂进入腹腔，输卵管萎缩变细变短。

2. 防治措施

以免疫为主，采取扑杀与免疫相结合的综合性防治措施。

目前广泛应用的有弱毒疫苗如Ⅳ系以及克隆30、新疫康商品苗等，用于雏禽和产蛋鸡，对各种鸡均比较安全，可滴鼻点眼、饮水、气雾免疫和肌内注射；中等毒力苗如Ⅰ系疫苗，毒力稍强，用于2月龄以上鸡群，可肌内注射、刺种、点眼、滴鼻和气雾免疫，优点是产生免疫快，免疫力强，免疫期较长，由于毒力强，不适于雏鸡接种；新城疫油佐剂灭活苗是用Ⅳ系、克隆30或基因－Ⅶ型毒株经灭活制成，优点是安全，不散毒，易保存，免疫期长，只能肌内注射，可用于各种日龄家禽，与弱毒苗同时使用效果更佳。

专家提示：

任何单位和个人发现患有本病或疑似本病的禽类，都应当立即向当地动物防疫监督机构报告。

根据流行病学、临床症状、剖检病变，结合血清学检测做出的临床诊断结果可作为疫情处理的依据。

发现疫情时，应立即将病禽（场）隔离，并限制其移动，按照农业部《新城疫防治技术规范》要求进行疫情处理。

（二）鸡传染性法氏囊病

传染性法氏囊病亦称甘博罗病，是鸡的一种急性接触传染病。

1. 临床症状与病理变化

临床表现为昏睡、呆立、翅膀下垂等症状；病禽以排白色水样稀便为主，泄殖腔周围羽毛常被粪便污染。

鸡传染性法氏囊病病理变化

死亡病鸡通常呈现脱水，胸部、腹部和腿部肌肉常有条状、斑点状出血，死亡及病程后期的鸡肾肿大，尿酸盐沉积。

法氏囊先肿胀、后萎缩。在感染后2～3天，法氏囊呈胶冻样水肿，体积和重量会增大至正常的1.5～4倍；偶尔可见整个法氏囊广泛出血，如紫色葡萄；感染5～7天后，法氏囊会逐渐萎缩，重量为正常的1/5~1/3，颜色由淡粉红色变为蜡黄色；但法氏囊病毒变异株可在72小时内引起法氏囊的严重萎缩。感染3～5天的法氏囊切开后，可见有多量黄色黏液或奶油样物，黏膜充血、出血，并常见有坏死灶。

胸腺有出血点；脾脏可能轻度肿大，表面有弥漫性、灰白色的病灶。

2. 防治措施

●消毒工作要贯穿孵化、育雏全过程：育雏期最好采取封闭育雏，防止通过饲料、用具、饲养人员将病毒传入鸡舍。

●提高雏鸡母源抗体水平：种鸡开产前（18～20周龄）和产蛋高峰后（40～42周龄）分2次应用鸡传染性法氏囊油乳灭活苗强化免疫，使子代获得较高而整齐的母源抗体，在2～3周龄内得到较好的保护，防止雏鸡早期感染。

●雏鸡免疫接种：一般14日龄采用中等偏弱毒力疫苗首免，28日龄采用中等偏强毒力疫苗二免。

鸡传染性法氏囊病治疗方法

发病早期使用法氏囊高免卵黄抗体（或高免血清）以及黄芪多糖、扶正解毒散、板蓝根制剂、清瘟败毒散、盐酸左旋咪唑治疗。

鸡群发病后在进行治疗的同时，应注意改善饲养管理，提高鸡舍温度，饮水中加入5%的红糖或口服补液盐，供给充足饮水，适当降低饲料蛋白2%～3%，提高维生素含量，适当添加抗生素，防止继发细菌感染，可有效降低死亡率。

专家提示：

任何单位和个人发现患有本病或疑似本病的禽类，都应当立即向当地动物防疫监督机构报告。

根据流行病学特点、临床症状、剖检病变，结合血清学检测做出的诊断结果可作为疫情处理的依据。

发现疑似传染性法氏囊病疫情时，养殖户应立即将病禽（场）隔离，限制其移动，并按照《传染性法氏囊病防治技术规范》采取相应措施。

（三）鸡马立克氏病

鸡马立克氏病是主要发生于鸡的一种淋巴组织增生性传染病，也是一种淋巴瘤性质的肿瘤疫病。

1. 临床症状与病理变化

神经型鸡马立克氏病：
病鸡消瘦，呈劈叉姿势

神经型	最早症状为运动障碍。常见腿和翅膀完全或不完全麻痹，表现为劈叉式、翅膀下垂；嗉囊因麻痹而扩大。
内脏型	常表现极度沉郁，有时不表现任何症状而突然死亡。有的病鸡表现厌食、消瘦和昏迷，最后衰竭而死。
眼型	视力减退或消失。虹膜失去正常色素，呈同心环状或斑点状。瞳孔边缘不整，严重阶段瞳孔只剩下一个针尖大小的孔。
皮肤型	全身皮肤毛囊肿大，以大腿外侧、翅膀、腹部尤为明显。

鸡马立克氏病病理变化

①神经型　常在翅神经丛、坐骨神经丛、坐骨神经、腰间神经和颈部迷走神经等处发生病变，病变神经可比正常神经粗2～3倍，横纹消失，呈灰白色或淡黄色。有时可见神经淋巴瘤。

②内脏型　在肝、脾、胰、睾丸、卵巢、肾、肺、腺胃和心脏等脏器出现广泛的结节性或弥漫性肿瘤。

③眼型　虹膜失去正常色素，呈同心环状或斑点状。瞳孔边缘不整，严重阶段瞳孔只剩下一个针尖大小的孔。

④皮肤型　常见毛囊肿大，大小不等，融合在一起，形成淡白色结节，在拔除羽毛后尸体尤为明显。

2. 防治措施

马立克病应以预防为主，加强饲养管理，提高抵抗力，严格消毒，加强育雏期管理，封闭育雏，做好免疫接种。

马立克病无法治疗，发现病鸡要深埋消毒。

专家提示：

任何单位和个人发现患有本病或疑似本病的禽类，应立即向当地动物防疫监督机构报告。

发现疑似马立克病疫情时，养殖户应立即将发病禽群隔离，限制其移动并按照《马立克病防治技术规范》采取相应措施。

（四）鸡产蛋减少综合征

鸡产蛋减少综合征是由禽腺病毒引起的以鸡产蛋下降为特征的一种传染病。

1. 临床症状与病理变化

鸡产蛋减少综合征：
病鸡产蛋质量下降，蛋壳
变薄、变软

（1）典型表现 26～32周龄产蛋鸡群突然产蛋下降，产蛋率比正常下降20%～30%，甚至达50%。病初蛋壳颜色变浅，随之产畸形蛋，蛋壳粗糙变薄，易破损，软壳蛋和无壳蛋增多，概率在15%以上，病程一般为4～10周，无明显的其他临床症状。

（2）非典型表现 经过免疫接种但免疫效果差的鸡群发病症状会有明显差异，主要表现为产蛋期可能推迟，产蛋率上升速度较慢，高峰期不明显，蛋壳质量较差。

鸡产蛋减少综合征病理变化

病鸡卵巢萎缩变小，输卵管黏膜轻度水肿、出血，子宫部分水肿、出血，严重时形成小水疱。

2. 防治措施

（1）以预防为主　对本病目前尚无有效的治疗方法，应以预防为主，严格兽医卫生措施，杜绝鸡产蛋减少综合征病毒传入，本病主要是通过种蛋垂直传播，所以引种要从非疫区引进，引进种鸡要严格隔离饲养，产蛋后经血凝抑制试验鉴定，确认抗体阴性者，才能留作种用。

（2）加强免疫接种　110 ~ 130 日龄免疫接种鸡产蛋下降综合征油佐剂灭活疫苗，免疫后 2 ~ 5 周抗体可达高峰，免疫期持续 10 ~ 12 个月，生产中，以鸡新城疫 – 鸡产蛋减少综合征二联油佐剂灭活疫苗于开产前 2 ~ 4 周给鸡皮下或肌内注射，对鸡新城疫、鸡产蛋下降综合征均有良好防治效果。

（3）药物治疗　用中药清瘟败毒散拌料，用双黄连制剂、黄芪多糖饮水；同时添加维生素 A、维生素 D_3 和抗菌消炎药效果更好。

（五）禽淋巴白血病

禽淋巴白血病（AL）是由禽淋巴细胞白血病/肉瘤病毒群中的病毒引起的、在成年鸡中产生淋巴样肿瘤为特征的肿瘤性疾病。

1. 临床症状与病理变化

禽淋巴白血病：病鸡鸡冠苍白贫血　　禽淋巴白血病引起鸡骨石症

在4月龄以上鸡群中偶尔发现个别鸡食欲减退，进行性消瘦，精神沉郁，冠和肉髯苍白萎缩或暗红；常见腹泻下痢，拉绿色粪便，腹部膨大，站立不稳，呈企鹅状；肝脏肿大，胸部触诊可见肝脏达到耻骨前沿，最后衰竭死亡；个别禽只出现骨石症，跖骨骨干中部增粗，两侧不对称，病鸡爪部血管瘤破裂出血；感染淋巴白血病的鸡，产蛋高峰不明显，产蛋率低。

小知识

禽淋巴白血病病理变化

病鸡血液稀薄不凝固，肝脏极度肿大，肝脏、脾脏、肾脏形成大小不一的肿瘤，腔上囊肿瘤增生极度膨胀，法氏囊肿大形成肿瘤。

2. 防治措施

目前，对禽淋巴白血病尚无有效治疗方法，至今尚无有效疫苗可降低该病的发生率和死亡率。控制该病应从建立无禽淋巴白血病的种鸡群着手，对每批即将产蛋的种鸡群，经酶联免疫吸附试验或其他血清学方法检测，对阳性鸡进行一次性淘汰。如果每批种鸡淘汰一次，经3～4代淘汰后，鸡群的禽淋巴白血病将显著减少，并逐步消灭。因此，控制该病的重点是做好原种场、祖代场、父母代场鸡群净化工作。

（六）鸡传染性支气管炎

鸡传染性支气管炎是由传染性支气管炎病毒引起的鸡的一种急性高度接触性呼吸道传染病。

1. 临床症状与病理变化

鸡传然性支气管炎早期感染引起"大裆鸡"

（1）呼吸型　常突然发病，出现呼吸道症状，并迅速波及全群，病鸡张口伸颈呼吸、咳嗽、鼻腔流浆液性或黏液性分泌物，发出喘鸣声，精神萎靡、食欲废绝、翅膀下垂、昏睡、怕冷挤堆；青年鸡表现突发啰音，继而出现呼吸困难、喷嚏，很少见鼻腔有分泌物；产蛋鸡呼吸道症状轻微，产蛋下降，产出畸形蛋、沙壳蛋、软壳蛋和褪色蛋，蛋白稀薄如水，蛋壳表面有像石灰样物质沉积。

（2）肾型　病初有轻微呼吸道症状，腹泻、排出白色奶油样（石灰水样）

粪便，病鸡脱水明显，爪部干燥无光泽，最后衰竭而死。

（3）腺胃型　该病多发于60日龄内雏鸡，病鸡采食量下降，精神差，羽毛蓬松，呆立于角落；拉白绿色稀便，高度消瘦，发育差。

（4）生殖型　产蛋鸡开产日龄后移，产蛋高峰不明显，开产时产蛋率上升速度较慢，病鸡腹部膨大呈"大裆鸡"，触诊有波动感，行走时呈企鹅状步态，病鸡鸡冠鲜红有光泽，腿部黄亮。

鸡传染性支气管炎病理变化

①呼吸型　病鸡气管、支气管交界处出现黏膜水肿、充血、出血，管腔内有浆液性或黄色干酪物；支气管出血水肿，内积大量液体或被黄色干酪物阻塞；产蛋鸡卵泡充血、出血，腹腔内有液化和凝固的卵黄。

②肾型　肌肉脱水，弹性差，严重时形成搓板状。肾脏肿大数倍，呈"哑铃形"，肾小管内充满尿酸盐结晶、苍白，形成"花斑肾"，输尿管内积大量尿酸盐，严重时形成结石；后期个别禽单侧肾脏出现自融。

③腺胃型　腺胃肿大，大小如乒乓球，浆膜外变性，腺胃胃壁增厚，乳头肿大出血，个别乳头融合形成火山口样溃疡。

④生殖型　卵泡发育正常，卵泡成熟后排入腹腔、输卵管内，形成幼稚型输卵管，狭部阻塞或输卵管壁变薄，有大量积液。

2. 防治措施

●采取综合防控措施，加强饲养管理，降低饲养密度，加强通风，注意保温，严格消毒。

●按照不同疫苗类型要求，及时注射疫苗。

●本病尚无特效药物，治疗以抗病毒为主，防止细菌继发感染，对症治疗。

（七）鸡传染性喉气管炎

鸡传染性喉气管炎（AILT）是由传染性喉气管炎病毒引起的一种急性高度接触性呼吸道传染病。

1. 临床症状与病理变化

鸡传染性喉气管炎：病鸡喉头被黄色干酪物堵塞

病鸡眼睛流泪，半睁半闭，有鼻液，面部红肿，眼睑水肿，眼内有分泌物和气泡；病鸡呼吸困难，咳嗽、有喘鸣音；病鸡蹲于地面，张口伸颈吸气，并发出"咯咯"的怪叫声，同时表现出明显的甩头，咯出血样黏条，污染鸡体及笼具，若分泌物不能排出可窒息死亡，后期形成黄色干酪样栓子阻塞喉头。

病鸡食欲减退或废绝，鸡冠发紫，有时还排出绿色稀便。

产蛋鸡产蛋量迅速减少或停产，蛋壳颜色发白，畸形蛋、软壳蛋增多，病程 5 ~ 7 天或更长，有的逐渐恢复，成为带毒鸡。

有些鸡群表现比较缓和，呈地方性流行，其症状为生长迟缓，产蛋量减少，常伴有流泪、结膜炎及眼部肿胀，上下眼睑粘连，强行掰开，内有黄色干酪物，有的病例眶下窦肿胀，发病率2% ~ 5%，病程长，死亡率低，大部分可以耐过，若有继发感染时死亡率增加。

鸡传染性喉气管炎病理变化

病鸡喉头和气管上 1/3 处黏膜水肿，严重者气管内有血样黏条，喉头和气管内覆盖黏液性分泌物，病程长的鸡形成黄色干酪样物，气管形成假膜，严重时形成黄色栓子，阻塞喉头。眼结膜水肿充血，出血，严重的眶下窦水肿出血。产蛋鸡卵泡萎缩变性。病死鸡剖检时因内脏瘀血和气管出血而导致胸肌贫血。

2. 防治措施

加强饲养管理，搞好防疫工作。首免 35 日龄左右，选用毒力弱、副作用小的疫苗（传染性喉气管炎 – 禽痘二联基因工程苗）；二免 80 ～ 100 日龄，可选择毒力强、免疫原性好的疫苗（传染性喉气管炎弱毒疫苗）。

本病尚无特效的治疗方法，早期感染鸡群采用抑制病毒复制的方法化痰治痰，防止继发感染。使用干扰素、中药制剂喉炎净散有一定疗效。

（八）鸡传染性鼻炎

鸡传染性鼻炎是由鸡副嗜血杆菌引起的急性呼吸道传染病。

1. 临床症状与病理变化

最显著的症状是流鼻涕、流泪、面部水肿，发生下呼吸道感染时引起啰音，部分鸡尚引起腹泻。此外，公鸡肉髯、母鸡的下颌部水肿，母鸡产蛋量下降甚至停产。

鸡传染性鼻炎：病鸡
眼部肿胀，眼睛半睁

鸡传染性鼻炎：病鸡
脸部肿胀，流泪

病程依鸡的日龄和菌株的毒力而异，通常经2周左右，症状如消失即恢复，不发生死亡，但其他疾病存在时病程变长，预后各不相同。

鸡传染性鼻炎

病鸡鼻腔和鼻窦黏膜呈急性卡他性炎症，黏膜充血肿胀、表面覆有大量黏液，窦内有渗出物凝块，为干酪样坏死物；头部皮下胶样水肿，面部及肉髯皮下水肿，病眼结膜充血、肿胀、分泌物增多，滞留在结膜囊内，剪开后有豆腐渣样、干酪样分泌物；卵泡变性、坏死和萎缩。

2. 防治措施

●做好鸡舍内外消毒及病毒性呼吸道疾病的预防。

●加强种鸡群监测，淘汰阳性鸡，鸡群实施全进全出，避免带进病原，发现病鸡及早淘汰。

●加强免疫接种，用油乳剂灭活苗免疫鸡群，25～40日龄首免，100～110日龄二免。

●治疗药物用磺胺间甲氧嘧啶、复方新诺明等。鼻炎易复发，并且易继发或并发其他细菌性疾病，治疗时应注意。

●另外，配伍中药制剂鼻通、鼻炎净等疗效更好。应用0.2%～0.3%的过氧乙酸带鸡消毒，对促进治疗有一定效果。

（九）鸡败血支原体感染（鸡慢性呼吸道病）

鸡败血支原体感染又称鸡慢性呼吸道病，是鸡的一种慢性呼吸道传染病。

1.临床症状与病理变化

幼龄仔鸡发病症状明显，早期出现咳嗽、流鼻涕、打喷嚏、气喘、呼吸道啰音等，后期若发生副鼻窦炎和眶下窦炎时，可见眼睑部乃至整个颜面部肿胀，部分病鸡眼睛流泪，有泡沫样的液体。后期，鼻腔和眶下窦中蓄积渗出物，引起一侧或两侧眼睑肿胀、发硬，分泌物覆盖整个眼睛，造成失明。滑液囊感染支原体时，关节肿大，跛行甚至瘫痪。

成年鸡症状与幼仔鸡基本相似，但较缓和，症状不明显，产蛋鸡产蛋率下降，孵化率降低，新孵出的雏鸡活力下降。

小知识

鸡败血支原体感染病理变化

本病与大肠杆菌、传染性鼻炎、传染性支气管炎混合感染而出现较为严重的病变，病鸡鼻液增加，堵塞鼻孔，易发气囊炎、肝周炎和心包炎，死亡率增加。

病鸡最明显的病理变化是纤维素性气囊炎，气囊混浊、壁增厚，上有黄色泡沫状液体，病程久者可见囊壁上有黄色干酪样渗出物。鼻道、眶下窦黏膜水肿、充血、肥厚或出血。窦腔内充满黏液或干酪样渗出物。

2.防治措施

> ●扑灭本病最有效的方法是全群淘汰，采用"全进全出"饲养制度，鸡舍空闲 20～30 天，以重新建立健康鸡群。
> ●带鸡消毒，用 0.25% 的过氧乙酸或链霉素水溶液、百毒杀等每周喷洒 1～2 次，也可降低该病的发生率。
> ●抗生素对临床症状轻微的病鸡有一定疗效，合理用药可减少损失。
> ●用支原净、北里霉素、泰乐菌素等药物拌料或饮水进行治疗。

小知识

临床上鸡败血支原体感染与几种疾病的区别

鸡传染性鼻炎的发病日龄及面部肿胀、流鼻液、流泪等症状与鸡支原体病相似，但通常无明显的气囊病变，如气囊混浊、气囊炎及干酪样物等。

鸡传染性支气管炎表现鸡群急性发病，肾脏、输卵管有特征性病变，成年鸡产蛋量大幅度下降并出现严重畸形蛋，各种抗菌药物均无直接疗效。

鸡传染性喉气管炎表现全群鸡急性发病，严重呼吸困难，咳出带血的黏液，很快出现死亡，各种抗菌药物均无直接疗效。

鸡新城疫病表现全群鸡急性发病，症状明显，但消化道严重出血，并且出现神经症状。鸡新城疫病可诱发支原体病，且其严重病症会掩盖支原体病，往往是鸡新城疫症状消失后，支原体病的症状才逐渐显示出来。

禽曲霉菌病病雏呼吸困难，呼吸次数增加，但不伴有啰音；口渴，下痢，食欲不振，嗜睡，进行性消瘦；常呆立或卧在角落处，伸颈张口喘气，最终由于衰竭和痉挛而死亡。在肺、气囊出现黄白色小米粒至豆大的结节，其内部呈黄白色干酪样，结节还可见于肝、脾、肾、卵巢的表面。而鸡支原体病主要是气囊病变，气囊混浊、增厚、不透明，严重时有黄色干酪物，而没有黄色结节。

（十）禽曲霉菌病

禽曲霉菌病是由曲霉菌引起的禽类的一种呼吸系统真菌病。

1.临床症状与病理变化

病禽精神不振，减食或不食，双翅下垂，羽毛松乱，缩颈呆立，两眼半闭，嗜睡；呼吸困难，喘气，头颈伸直，张口呼吸；排出绿色糊状粪便；行走困难，跛行，不能站立；还有的头肿大、角膜混浊，形成霉菌型眼炎，个别失明。

禽曲霉菌病病理变化

病禽肺部形成典型霉菌结节或霉菌斑、粟状米粒大小黄色结节，严重时肺部发炎；气囊混浊、壁肥厚，形成黄色米粒大小结节或圆盘状结节，圆盘状结节还可见于肝、脾、肾、卵巢的表面，切开结节内容物呈干酪样；肌胃腺胃交界处糜烂，胃肠黏膜有溃疡，肠系膜发黑。

2. 防治措施

- 加强通风，保持禽舍干燥。
- 避免饲料和垫料霉变，保持料槽水槽清洁，定期消毒；防止孵化器受真菌污染。
- 育雏室清扫干净，用甲醛液熏蒸或用0.3%的过氧乙酸消毒后，再进雏饲养。
- 目前尚无特效治疗方法，可参考使用抗霉菌制剂。

（十一）鸭瘟

鸭瘟又称鸭病毒性肠炎，是由鸭瘟病毒引起的一种急性、败血性传染病。

1. 临床症状与病理变化

病鸭特征性症状是头颈部肿胀，部分病鸭头颈部肿大，故称"大头瘟"，病鸭流鼻液，流黄绿色口水，呼吸困难，呼吸时发出鼻塞音，叫声嘶哑，个别病鸭频频咳嗽，常伴有湿性啰音。

病鸭流泪和眼睑水肿，眼半闭，初期流出浆液性分泌物，后期变成黏液或脓性分泌物；眼周围羽毛沾湿，后期上下眼睑因分泌物粘连不能张开；严重者眼睑外翻、眼结膜充血或小点状出血，甚至出现溃疡。

病鸭严重下痢，排出绿色或灰白色稀便，泄殖腔黏膜水肿、充血，严重时出现外翻，用手翻开肛门时，可见泄殖腔有黄绿色角质化的假膜，坚硬不易剥离。

鸭瘟病理变化

　　病鸭典型病变为全身性败血症，全身浆膜、黏膜和内脏器官有不同程度的出血斑点或坏死灶。肝脏及消化道黏膜出血和坏死更为典型。

　　肝脏肿大、边缘略呈钝圆，实质变脆，容易破裂，肝表面有大小不一、边缘不齐、灰白色坏死灶，个别病例坏死灶中央有红色出血点、出血环，有些病例坏死灶呈淡红色，即坏死灶"红染"，该病变为特征性病变，目前未发现其他疾病有此典型病变。

2.防治措施

　　●目前还没有针对鸭瘟的特效治疗药物。

　　●坚持自繁自养，严格消毒，不从疫区引种，禁止到疫区放牧；加强饲养管理，搞好环境卫生，提高鸭群抵抗力，孵化室定期消毒，常用消毒药有1%复合酚、0.1%强力消毒剂等；种苗、种蛋及种禽均应来自安全地区。

　　●加强免疫，病愈和人工免疫的鸭均可获得坚强免疫力，雏鸭20日龄首次免疫，2月龄后加强免疫1次，3月龄以上鸭免疫1次，免疫期可达1年。

　　●紧急控制，一旦发生鸭瘟时，立即采取隔离和消毒措施；受威胁区内，所有鸭和鹅均应注射鸭瘟弱毒疫苗进行紧急免疫接种，禁止病鸭外调和出售，防止病毒扩散；淘汰鸭集中加工，经高温处理后利用，病鸭、死鸭应进行无害化处理。

鸭瘟与鸭霍乱、鸭流感鉴别表

病名	鸭瘟	鸭霍乱	鸭流感
易感动物	成年鸭、鹅	鸡、鸭、鹅、火鸡、鸽	鸡、鸭、鹅、鹌鹑、鸥鸽
流行性	流行过程达0.5~1个月，死亡率90%以上	病程短，数小时至2天死亡，雏鸡呈流行性发病，死亡率80%以上，成鸭多为散发性、间歇性流行	病程短，30日龄以下鸭易感性强，死亡快
临床症状	流泪，眼睑肿胀，不能站立，下痢，头颈部肿大，俗称"大头瘟"	精神萎靡，食欲废绝，呼吸困难，口腔和鼻孔流出带泡沫黏液或血水，频频摇头，很快死亡，俗称"摇头瘟"	曲颈、歪头，个别病鸭头向后背，左右摇摆或频频点头，后期角膜混浊呈灰白色
肝脏症状	肿大，有坏死，形成坏死点红染	表面散布着灰白色针头大较规则的坏死点	肝脏症状不明显
其他病理变化	食道和泄殖腔有黄褐色假膜覆盖，腺胃黏膜出血或坏死，肠道形成环状出血和岛屿状坏死	食道泄殖腔病变不明显，胸膜腔的浆膜，尤其心冠沟和心外膜有大量出血点，脾脏呈樱桃红色，肺脏呈弥漫性充血、出血和水肿，肠道黏膜水肿出血	脂肪广泛性出血（腹脂、冠脂等），胰脏出血坏死，输卵管内有脓性分泌物
抗生素、磺胺类药物治疗	无效	疗效很好	无效

（十二）鸭病毒性肝炎

鸭病毒性肝炎是由鸭肝炎病毒引起雏鸭的一种急性高度致死性传染病。

1.临床症状与病理变化

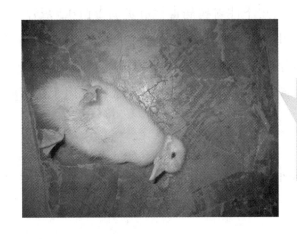

病毒性肝炎雏鸭死前呈仰卧姿势，雏鸭头颈部后仰

3周龄以内雏鸭多发病，成鸭感染但不表现症状，潜伏期1~4天。该病病程短，发病急，死亡快，往往在短时间内出现大批雏鸭死亡。感染雏鸭

突然发病，精神萎靡、离群呆立、缩颈垂翅、闭眼嗜睡、羽毛松乱、食欲废绝、常蹲伏或侧卧；发病半天至1天可见神经症状，病鸭不安、步态不稳、身体倾向一侧、头向后背、两脚反复伸蹬，或在地上旋转，出现全身抽搐后十多分或几个小时死亡，死鸭往往腹部向上呈仰卧姿势；某些病鸭腹泻，排黄白色或绿色稀便，污染泄殖腔周围羽毛，死亡雏鸭喙端及蹼尖瘀血呈暗紫色。

鸭病毒性肝炎

本病典型病变在肝脏，最急性型可能无明显病变，典型病例可见肝脏肿大、质脆，呈淡红色或黄色，表面有大小不等的出血点或出血斑；胆囊肿大，充满胆汁，呈褐色或淡绿色；有时可见脾脏肿大，斑驳状；肾脏肿大，灰黄色，血管充血呈暗紫色树枝状。

2. 防治措施

用鸡胚化鸭病毒性肝炎弱毒苗进行免疫接种，成年种鸭开产前1个月注射，每只1毫升，间隔2周后再加强免疫一次，可维持6～7个月；免疫母鸭所产种蛋含有抗体，所孵雏鸭母源抗体可维持2周，使雏鸭在最易感日龄免受病毒感染。无母源抗体雏鸭1日龄皮下注射鸭病毒性肝炎弱毒苗0.5毫升。

受发病威胁的鸭群或发病早期用鸭病毒性肝炎精制蛋黄抗体或自制的高免血清或高免卵黄可起到预防和治疗作用，用精制蛋黄抗体皮下或肌内注射，发病雏鸭治疗用量为每只1.0～1.5毫升，可连续应用2～3次。用干扰素等辅助治疗效果更好。

（十三）小鹅瘟

小鹅瘟是由鹅细小病毒引起的小鹅和雏番鸭的一种急性、亚急性、高度接触性传染病。

1. 临床症状与病理变化

小鹅瘟：病鹅喙端蹼尖发绀，排黄绿色带有未消化饲料的稀粪

（1）最急性型　1周龄以内雏鹅常呈最急性型发病，患鹅常见不到任何明显症状而突然发病死亡。

（2）急性型　15日龄左右的小鹅常呈急性型，症状最典型。

病鹅精神沉郁，缩颈闭目，羽毛松乱，行走困难，离群独处，呆立或蹲伏。呼吸困难，流鼻涕、摇头、鼻孔污秽，呼吸急促、张口呼吸，喙端蹼尖发绀。患病雏鹅初期食欲减退，虽然随群采食但不吞咽，随即甩掉，或采食时在外围乱转，后期食欲废绝，饮欲增加。

严重下痢，排出乳白色或黄绿色，并混有气泡和未消化饲料的稀便，污染周围羽毛，泄殖腔扩张，挤压有乳白色或黄绿色稀便。1周内的病鹅临死前有头颈扭转、抽搐等神经症状。

（3）亚急性型　20日龄以上小鹅常呈亚急性型发病，症状较轻，患鹅精神萎靡，消瘦，行动迟缓，站立不稳，喜蹲卧，食欲减退或拒食；拉稀，稀便有气泡和灰白色絮片；部分患鹅可以自愈，但在一段时间内，生长发育受阻。

小鹅瘟病理变化

本病特征病变是急性卡他性、纤维素性坏死性肠炎，肠管扩张，肠壁呈淡红色或苍白色，不形成溃疡，小肠中后段肠管增大2～3倍，肠道内形成灰白色或淡黄色凝固状2～5厘米的腊肠状"肠芯"，用剪刀将"肠芯"剪开，中心为深褐色干燥的肠内容物。病鹅肝脏肿大、瘀血。

2.防治措施

做好孵化室和鹅舍的清洁消毒工作。

加强免疫接种，种鹅在产蛋前15天，用1：100稀释的小鹅瘟鸭胚化GD弱毒疫苗或鹅胚化弱毒疫苗1毫升进行皮下或肌内注射，免疫15天后所产种蛋孵出的雏鹅可获得天然被动免疫力，免疫期可持续4个月，4个月后再进行免疫。未经免疫或免疫后4个月以上的种鹅群所产种蛋，雏鹅出壳后24小时内，用鸭胚化GD弱毒疫苗作1：（50～100）稀释进行免疫，每只雏鹅皮下注射0.1毫升，免疫后7天内，严格隔离饲养，严防感染强毒。

小鹅瘟治疗方法

对已感染小鹅瘟病毒的雏鹅群，早期部分患鹅出现症状或有少数死亡病例时，用抗小鹅瘟血清每只雏鹅皮下注射1.0～1.5毫升。在抗血清中加入干扰素，效果更好，同时，在饲料中加入抗病毒中药，连用3～5天，效果也很好。

小鹅瘟精制蛋黄抗体也有一定的预防和治疗效果，皮下注射或肌内注射，紧急预防量为1日龄雏鹅每只0.5毫升；2～5日龄雏鹅每只0.5～0.8毫升。治疗用量为感染发病的雏鹅每只1.0～1.5毫升。

饲料中添加抗生素防止继发细菌感染。

三、猪 病

(一) 猪瘟

猪瘟又称"烂肠瘟"，是由猪瘟病毒引起的一种急性、败血性猪传染病。

1.临床症状与病理变化

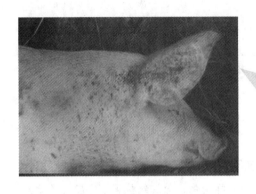

猪瘟（急性型）：皮肤有出血点

（1）最急性型　常见于流行的初期，主要表现为突然发病，体温升高至41℃以上，皮肤和结膜发绀、出血，出现精神沉郁，厌食，全身痉挛、四肢抽搐，经一至数天发生死亡。死亡率90% ~ 100%。

（2）急性型　最为常见。病猪表现精神沉郁、弓背、怕冷，食欲废绝或减退，体温41 ~ 42℃，持续不退，眼睛周围见黏性或脓性分泌物，先便秘、后腹泻，粪便灰黄色，偶带有血脓；全身皮肤出血、发绀非常明显。母猪流产，公猪包皮内积尿液。哺乳仔猪发生急性猪瘟时，主要表现神经症状，如磨牙、痉挛、角弓反张或倒地抽搐，最终死亡。病程14 ~ 20天，死亡率50% ~ 60%。

（3）慢性型　常见于猪瘟常发地区或卫生防疫条件较差的猪场。主要表现为消瘦、贫血、全身衰弱、常伏卧，行走时缓慢无力，食欲不振，体温升高，一般在40 ~ 41℃，便秘和腹泻交替。有的皮肤可见紫斑和坏死痂。妊娠母猪一般不表现症状，但可出现死胎、早产等。病猪日渐消瘦，最终衰竭死亡。病程1个月以上，死亡率为10% ~ 30%。

（4）非典型　非典型猪瘟多发生在11周龄以下，多呈散发，流行速度慢，症状不典型。病猪体温41℃左右，多数腹下部发绀，有的四肢末端坏死，俗称"紫蹄病"；有的耳尖呈黑紫色，出现干耳、干尾现象，甚至耳壳脱落；

有的病猪皮肤有出血点。患猪采食量下降，精神沉郁，发育缓慢，后期四肢瘫痪，部分病猪关节肿大。病程2周以上，有的经3个月才能逐渐康复。

（5）迟发型　迟发型猪瘟又称繁殖障碍型猪瘟，母猪感染低毒力猪瘟病毒，在妊娠后期可出现流产、死胎、木乃伊胎和畸形胎，弱仔可存活半年。先天感染的正常仔猪，可终生带毒、排毒。

猪瘟病理变化

①最急性型多无特征性变化，仅见浆膜、黏膜和肾脏等处有少量点状出血，淋巴结肿胀、潮红或有出血病变。

②急性型在皮肤、黏膜、浆膜和内脏器官有不同程度出血。全身淋巴结肿胀、水肿和出血，呈现红白或红黑相间的大理石样变化；肾组织被膜下（皮质表面）呈点状出血；膀胱黏膜、喉、会厌软骨、肠系膜、肠浆膜和皮肤呈点或斑状出血；脾脏的梗死是猪瘟最有诊断意义的病变。回盲瓣处淋巴组织扣状肿，若有继发感染，可见扣状溃疡；死胎出现明显的皮下水肿、腹水和胸腔积液。

③迟发型先天感染的死胎全身水肿，头、肩、前肢如水牛，胸、腹水增多，头、四肢畸形。小脑发育不全，表皮出血。弱仔死亡后可见内脏器官和皮肤出血，淋巴结肿大。

2.防治措施

●猪瘟一旦发生，没有很好的治疗措施，应以免疫为主，采取扑杀和免疫相结合的综合性防治措施。

●把好引种关，防止带毒猪进入猪场；通过严格检疫淘汰带毒猪，建立健康繁殖母猪群。

●制订科学和确实有效的免疫计划，认真执行免疫程序，定期监测免疫效果。

●实行科学的管理，建立良好的生态环境，切断疾病传播途径。

●曾经出现免疫失败的猪场，尤其有迟发型猪瘟或温和型猪瘟存在的情况下，可选用猪瘟脾淋苗进行免疫，免疫效果较好。

●在已发生猪瘟的猪群或地区，应迅速对猪群进行检查、隔离和扑杀，尸体严格销毁，严禁随处乱扔。

●对假定未感染猪群用猪瘟弱毒疫苗进行紧急接种，可使大部分猪得到保护，控制疫情。对疫区周围的猪群进行逐头免疫，形成安全带防止疫情蔓延。还应注意针头消毒，以防止人为传播。以后可根据需要执行定期检疫淘汰带毒猪的净化措施。

专家提示：

任何单位和个人发现患有本病或疑似本病的猪，都应当立即向当地动物防疫监督机构报告。

根据流行病学、临床症状、剖检病变，结合血清学检测做出的临床诊断结果可作为疫情处理的依据。

确诊为猪瘟后，严格按照农业部《猪瘟防治技术规范》要求进行疫情处理。

（二）猪伪狂犬病

猪伪狂犬病是由伪狂犬病病毒感染引起的一种急性传染病。

1.临床症状与病理变化

（1）2周龄以内哺乳仔猪　病初发热，体温升至41～41.5℃，呕吐、下痢、厌食、精神不振、呼吸困难、呈腹式呼吸，继而出现神经症状，共济失调，最后衰竭而死亡。有神经症状的猪一般在24～36小时死亡。哺乳仔猪的死亡率可达100%。

（2）3～9周龄猪　主要症状同2周龄以内哺乳仔猪，但表现轻微，病程略长，多便秘，少数猪出现神经症状，导致休克和死亡，病死率40%～60%。部分耐过猪常有后遗症，如偏瘫和发育受阻等。

（3）妊娠母猪　表现为咳嗽、发热、精神不振、流产、产死胎和木乃伊胎。流产常发生于感染后10天左右，新疫区可造成60%～90%母猪发生繁殖障碍；母猪临近分娩感染，则易产生弱仔；弱仔猪出现呕吐和腹泻，运动失调，痉挛，角弓反张，通常在24～36小时死亡。感染的后备母猪、空怀母猪和公猪病死率很低（小于2%）。

猪伪狂犬病病理变化

病猪一般无特征性病理变化。如神经症状，脑膜充血、出血和水肿，脑脊髓液增多，肺水肿，小叶性间质性肺炎，胃黏膜有卡他性炎症，胃底黏膜出血，流产胎儿脑和臀部皮肤有出血点，肾和心肌出血，肝和脾有灰白色坏死灶。

2. 防治措施

对新引进的猪要进行严格检疫，引进后要隔离观察、抽血检验，对检出阳性猪要注射疫苗，不可做种用。控制人员来往，搞好消毒及血清学监测对该病的防控都有积极作用。

猪伪狂犬病免疫程序

猪伪狂犬病疫苗包括灭活疫苗、弱毒疫苗和基因缺失活疫苗。我国在猪伪狂犬病的控制过程中没有规定疫苗使用的种类，但最好只使用灭活疫苗。在已发病猪场或猪伪狂犬病阳性猪场，建议所有猪群进行免疫。

灭活苗免疫时，种猪初次免疫后间隔4～6周加强免疫1次，以后每胎配种前免疫1次，产前1个月左右加强免疫1次，即可获得较好的免疫效果，并可使对仔猪的保护力维持到断奶。

留作种用的断奶仔猪在断奶时免疫1次，间隔4～6周加强免疫1次，以后即可按照种猪免疫程序进行。

育肥仔猪在断奶时接种1次可维持到出栏。应用弱毒疫苗免疫时，种猪第一次接种后间隔4～6周加强免疫1次，以后每6个月进行1次免疫。

专家提示：

任何单位和个人发现患有本病或者疑似本病的动物，都应当及时向当地动物防疫监督机构报告。并按照农业部《猪伪狂犬病防治技术规范》要求进行疫情处理。

（三）猪繁殖与呼吸综合征（猪蓝耳病）

猪繁殖与呼吸综合征是由猪繁殖与呼吸综合征病毒感染引起的猪的一种接触性传染病。

1. 临床症状与病理变化

发病猪的特征为母猪表现发热、怀孕后期发生流产、死胎和木乃伊胎等繁殖障碍；幼龄仔猪发生高热、呼吸困难等肺炎症状。因为部分病猪表现耳朵发蓝，又称猪蓝耳病。

（1）妊娠母猪　发病猪主要表现为精神沉郁、厌食、发热，出现不同程度的呼吸困难。少数母猪出现耳朵、腹部、外阴、尾部和四肢末端发绀。妊娠后期发生流产、早产、死胎、木乃伊胎及弱胎等症状。有的母猪出现肢体麻痹性神经症状。母猪流产率 50% ~ 70%，死胎率 35% 以上，产木乃伊胎率达 25%。部分新生仔猪出现呼吸困难、运动失调及瘫痪等症状。产后 1 周内死亡率明显增加（40% ~ 80%）。

（2）仔猪　新生仔猪和哺乳仔猪呼吸症状较为严重，表现为张口呼吸、喷嚏、流鼻涕等。体温 40.5 ~ 42℃，肌肉震颤，共济失调，渐进消瘦，眼睑水肿。少数仔猪可见耳朵、体表皮肤发紫。断奶前仔猪死亡率 80% ~ 100%，断奶后仔猪增重减低，死亡率升高，为 10% ~ 25%。耐过猪生长缓慢，容易继发其他疾病。

（3）公猪　公猪感染后食欲减退、高热，其精液品质和数量下降，可以在精液中检查到 PRRSV。精液因可携带病毒传播此病而成为重要的传染源。

（4）育肥猪　老龄猪和育肥猪受 PRRSV 感染影响较小，仅出现短时间的食欲减退、轻度呼吸系统症状及耳朵皮肤发绀现象，但可因继发感染而加重病情，导致病猪发育迟滞或死亡。

猪蓝耳病病理变化

　　弥散性间质肺炎，肺出血、瘀血、膨胀、坚硬、无弹性。发病母猪病理变化不明显。患病哺乳仔猪肺部出现重度多灶性乃至弥漫性黄褐色或褐色病变，对本病的诊断有一定意义。淋巴结肿胀、出血，以腹沟淋巴结、肠系膜淋巴结、肺门淋巴结病变最显著。

　　2. 防治措施

　　本病目前尚无特效治疗药物。由于该病传染性强、传播速度快、发病后可在猪群中扩散和蔓延，给养猪业造成重大损失，因此应严格执行综合性防疫措施。

　　对于正在流行或流行过本病的猪场可用弱毒疫苗紧急接种或免疫预防。后备母猪在配种前免疫2次，首免在配种前2个月，间隔1个月进行二免；小猪在母源抗体消失前进行首免，母源抗体消失后进行二免。公猪和妊娠母猪不能接种弱毒疫苗。我国研制出了高致病性蓝耳病灭活疫苗，并已投入使用。

（四）猪细小病毒病

　　猪细小病毒病是由细小病毒引起的猪的一种繁殖障碍性疾病。

　　1. 临床症状与病理变化

　　母猪感染后常发生重新发情而不分娩，或发生流产、产死胎、弱仔、木乃伊胎和少仔等症状。公猪表现不明显。

猪细小病毒病病理变化

　　死亡仔猪病理组织学呈现非化脓性脑膜炎变化。怀孕母猪感染后没有明显肉眼病变，但显微病变可见内皮组织和固有层有局灶性单核细胞聚集，在脑、脊髓和眼脉络膜的血管周围有浆细胞和淋巴细胞形成的管套现象。

根据本病的流行特点、临床特征和病理变化可做出初步诊断，确诊需进一步做病原分离鉴定及血清学试验。病原诊断主要采用聚合酶链式反应（PCR）。血清学诊断主要采用乳胶凝集实验。

2. 防治措施

●本病目前尚无有效治疗方法，应以预防为主。

●坚持自繁自养的原则，如果必须引进种猪，应从未发生过本病的猪场引进。引进种猪后应隔离饲养半个月，经过2次血清学检查，HI效价在1：256以下或为阴性时，才能合群饲养。

●加强种公猪检疫，种公猪血清学检查阴性，方可作为种用。

●预防免疫：使用猪细小病毒灭活苗免疫预防。初产母猪配种前2～4周，肌内接种2毫升。种公猪于8月龄首次免疫注射，以后每年注射1次，每次肌内注射2毫升。

●任何单位和个人发现患有本病或者怀疑患有本病的猪，都应当及时向当地动物防疫监督机构报告，同时禁止猪移动。扑杀发病母猪、仔猪，尸体无害化处理，圈舍、环境、用具等彻底消毒，用血清学方法检查全场猪，扑杀阳性猪，净化猪群。

（五）猪圆环病毒病

本病是由猪圆环病毒引起的一种传染病。

1. 临床症状与病理变化

（1）断奶仔猪多系统进行性功能衰弱　临床症状表现为生长发育不良和消瘦、皮肤苍白、肌肉衰弱无力、精神差、食欲不振、呼吸困难。有20%的病例出现贫血、黄疸，具有诊断意义。但慢性病例难于察觉。

（2）猪皮炎肾衰综合征　临床症状表现为皮肤初期潮红，中后期皮肤苍白，表面有圆形或不规则形凸起的疙瘩，疙瘩先后呈红色、紫红色或顶部黑色结痂。有的猪几乎一夜之间遍及全身，有的猪周身皮肤紫红色或灰紫色。但猪并未表现强烈的痒感。本病紫色疙瘩布满整个皮肤，基本没有毛稀处多、密处少之分。病愈猪疙瘩消失后，留下明显的痕迹。有的猪可见眼睑稍肿，眼睫毛上附着较硬的污垢，但并未见眼角有大量脓性分泌物。急性病例可见体温升高、厌食、腿软等症状。

在猪繁殖与呼吸综合征阳性猪场中，由于继发感染，还可见有关节炎、肺炎，这给诊断带来难度。典型病例死亡的猪尸体消瘦，有不同程度的贫血和黄疸，有诊断意义。

2.防治措施

目前尚无特效治疗措施。一定要加强饲养管理，采取兽医防疫卫生措施预防。使用灭活疫苗免疫有较好的防控效果。

发病后主要控制继发感染，及时隔离和处置可疑病猪，切断传播途径，杜绝疫情传播。

（六）猪乙型脑炎

猪乙型脑炎是由日本脑炎病毒引起的一种急性人畜共患传染病。

1.临床症状与病理变化

猪感染乙脑时，临诊上几乎没有脑炎症状，猪常突然发病，体温40～41℃，稽留热，精神委顿，食欲减退或废绝；粪干呈球状，表面附着灰白色黏液；伴有不同程度的运动障碍；有的病猪视力出现障碍，最后麻痹死亡。

妊娠母猪突然发生流产，产死胎、木乃伊胎或弱胎，但母猪无明显异常表现，同胎也可见正常胎儿。

公猪常发生单侧或双侧睾丸肿大，患病睾丸阴囊皱襞消退，有的睾丸变小变硬，失去配种能力。

猪乙型脑炎病理变化

①流产胎儿脑水肿，皮下血样浸润，肌肉似水煮样，腹水增多；木乃伊胎从拇指大小到正常大小。

②肝、脾有坏死灶；全身淋巴结出血；肺瘀血、水肿。

③子宫黏膜充血、出血、有黏液。胎盘水肿或出血。

④公猪睾丸实质充血、出血，有小坏死灶，睾丸硬化者，体积缩小，与阴囊粘连。

当母猪发生繁殖障碍时，须与布鲁杆菌病、蓝耳病、伪狂犬病、猪细小病毒病等进行鉴别诊断。

2. 防治措施

本病无治疗方法，一旦确诊最好淘汰。

平时做好预防工作。分娩时的废物如死胎、胎盘及分泌物等应做好无害化处理；驱灭蚊虫，消灭越冬蚊虫。在流行地区，在蚊虫开始活动前1～2个月，对4月龄至2岁的种猪，应用乙型脑炎弱毒疫苗进行预防接种，第二年加强免疫一次，免疫期可达3年，有较好的预防效果。

（七）猪传染性胃肠炎

猪传染性胃肠炎（TGE）是由传染性胃肠炎病毒感染引起的猪的一种急性、高度接触性肠道传染病。

1. 临床症状与病理变化

（1）仔猪 典型症状是突然呕吐，接着出现急剧的水样腹泻，粪水呈黄色、淡绿或白色。病猪迅速脱水，体重下降，精神萎靡，被毛粗乱无光；吃奶减少或停止吃奶、战栗、口渴、消瘦，于2～5天死亡，1周龄以下的哺乳仔猪死亡率50%～100%，随着日龄的增加，死亡率降低；病愈仔猪增重缓慢，生长发育受阻，甚至成为僵猪。

（2）架子猪、育肥猪及成年母猪 主要是食欲减退或消失，水样腹泻，粪水呈黄绿、淡灰或褐色，混有气泡；哺乳母猪泌乳减少或停止，3～7天病情好转，随即恢复，极少发生死亡。

小知识

猪传染性胃肠炎病理变化

病猪尸体脱水明显。胃内充满凝乳块，胃底黏膜充血潮红，有时有出血点。小肠肠壁变薄，肠内充满黄绿色或白色液体，含有气泡和凝乳块；小肠肠系膜淋巴管内缺乏乳糜。空肠绒毛变短、萎缩及上皮细胞变性、坏死和脱落等。

2. 防治措施

（1）免疫接种 除了采取综合性生物安全措施外，可用猪传染性胃肠炎弱毒疫苗对母猪进行免疫接种。母猪分娩前5周口服1头份，分娩前2周口服 1 头份和注射 1 头份。两种接种方式结合可产生局部体液免疫和全身性细胞免疫，新生仔猪出生后通过初乳获得被动免疫，保护率在 95% 以上；对于未接种传染性胃肠炎弱毒疫苗受到本病威胁的仔猪，在出生后 1 ~ 2 天进行口服接种，经 4 ~ 5 天可产生免疫力。

（2）对症治疗　对于本病尚无特效药物，发病后一般采取对症治疗措施。用抗生素和磺胺类药物等防止继发细菌感染，同时补充体液，防止脱水和酸中毒。让仔猪自由饮服口服补液盐溶液。另外，还可以腹腔注射一定量的 5% 葡萄糖生理盐水加碳酸氢钠注射液，也可注射双黄连等。对重症病猪可用硫酸阿托品控制腹泻，对失水过多的重症猪可静脉注射葡萄糖、生理盐水等。

（八）猪支原体肺炎（猪气喘病）

猪支原体肺炎又称猪地方性肺炎，俗称猪气喘病，是由猪肺炎支原体引起的猪的一种慢性呼吸道传染病。

1. 临床症状与病理变化

（1）急性型　主要见于新疫区和新感染的猪群，病初精神不振，头下垂，站立一隅或趴伏在地，呼吸次数剧增，每分 60 ~ 120 次。病猪呼吸困难，严重者张口喘气，发出哮鸣声，似拉风箱，有明显腹式呼吸。咳嗽次数少而低沉，有时也会发生痉挛性阵咳。体温一般正常，如有继发感染则可升到 40℃ 以上。病程一般为 1 ~ 2 周，病死率也较高。

（2）慢性型　急性型或转为慢性型，也有部分病猪开始时就呈慢性经过，常见于老疫区的架子猪、育肥猪和后备母猪。主要症状为咳嗽，清晨赶猪喂食和剧烈运动时，咳嗽最明显。咳嗽时站立不动，背弓，颈伸直，头下垂，用力咳嗽多次，严重时呈连续的痉挛性咳嗽。常出现不同程度的呼吸困难，呼吸次数增加和腹式呼吸（喘气）。这些症状时而明显，时而缓和。食欲变化不大，病势严重时减少或完全不食。病程较长的小猪，身体消瘦而衰弱，生长发育停滞。病程可拖延 2 ~ 3 个月，甚至半年以上。病程与预后，视饲养管理和卫生条件的好坏差异很大，饲养条件好则病程较短，症状较轻，病死率低，饲养条件差则抵抗力弱，出现并发症多，病死率升高。

（3）隐性型　可由急性型或慢性型转变而成。有的猪在较好的饲养管理条件下，感染后不表现症状，但用 X 光检查或剖解时发现肺部病变，在老疫区的猪中本型占相当大比例。如加强饲养管理，则肺炎病变多可逐步吸收消退而康复。反之饲养管理恶劣，病情恶化而出现急性或慢性的症状，甚至引起死亡。

猪气喘病病理变化

特征性病变是肺的心叶、尖叶、中间叶及膈前下缘有实变区，肺门淋巴结肿大。肺门和膈淋巴结显著肿大，有时边缘轻度充血。继发细菌感染时，引起肺和胸膜的纤维素性、化脓性和坏死性病变。

2. 防治措施

自然和人工感染的康复猪能产生免疫力。

预防或消灭猪气喘病主要在于坚持采取综合性防治措施，在疫区以康复母猪培育无病的后代，建立健康猪群。

猪气喘病的治疗药物与免疫疫苗

（1）预防用药　种猪场为防范本病发生，一般采取饲料或饮水中全群投药，在大群有发生疫病趋势时预防用药可收到最大投药效益。

（2）定时用药　哺乳母猪分娩前14～20天投药，仔猪出生后和哺乳期间用药。

（3）连续用药　一般连续用药2周，主要用于有疫情的流水线生产的猪场，但必须注意药物成本、药物残留和抗药性的发生。

（4）脉冲用药　如保育期给药5～7天，育肥期给药5天，育肥后期和怀孕母猪给药5～7天。

（5）免疫疫苗　目前有两类疫苗：一类为弱毒苗，其免疫保护率为78%～85%，首免40日龄，一般一次即可，免疫期6个月以上；另一类为灭活苗，仔猪7～12日龄首免，14天后二免。总体上，弱毒苗、灭活苗免疫力有限。

（九）猪梭菌性肠炎（仔猪红痢）

猪梭菌性肠炎又称仔猪红痢，是由C型产气荚膜梭菌引起的仔猪肠毒血症。

1. 临床症状与病理变化

 **急性病例**　排血便，往往于产后当天或第二天死亡；急性病例排浅红褐色水样粪便，多于产后第三天死亡。

 **亚急性病例**　开始排黄色软粪，以后粪便呈淘米水样，含有灰色坏死组织碎片，病猪有食欲，但逐渐消瘦，于5～7日死亡。

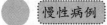 **慢性病例**　呈间歇性或持续性下痢，排灰黄色黏液便，病程十几天，生长很缓慢，最后死亡或被淘汰。

 小知识

仔猪红痢病理变化

病理变化见于空肠，有的可扩展到回肠。空肠呈暗红色，肠腔充满含血的液体，空肠部绒毛坏死，肠系膜淋巴结鲜红色。病程长的以坏死性炎症为主，黏膜呈黄色或灰色坏死性假膜，容易剥离，肠腔内有坏死组织碎片。脾边缘有小出血点，肾呈灰白色。腹水增多，呈血色，个别病例出现胸水。

2. 防治措施

●加强猪舍与环境的清洁卫生和消毒工作，产房和分娩母猪的乳房应于临产时彻底消毒。

●母猪分娩前半个月和1个月，各肌内注射仔猪红痢菌苗1次，剂量

5～10毫升，可使仔猪通过哺乳获得被动免疫。

●仔猪出生后，在未吃初乳前及以后的3天内，口服阿莫西林或者庆大霉素，可预防仔猪红痢。

本病发病急、病程短，往往来不及治疗。病仔猪用头孢噻呋、青霉素、阿莫西林等药物，结合使用止血药维生素B_6治疗，但效果不很理想。

（十）副猪嗜血杆菌病

副猪嗜血杆菌病是由副猪嗜血杆菌引起的猪的多发性浆膜炎和关节炎。

1.临床症状与病理变化

（1）急性病例　往往首先发生于膘情良好的猪，病猪发热（40.5～42.0℃）、精神沉郁、食欲下降，呼吸困难，腹式呼吸，皮肤发红或苍白，耳梢发紫，眼睑皮下水肿，行走缓慢或不愿站立，腕关节、跗关节肿大，共济失调，临死前侧卧或四肢呈划水样，有时会无明显症状突然死亡。

（2）慢性病例　多见于保育猪，主要是食欲下降，咳嗽，呼吸困难，被毛粗乱，四肢无力或跛行，生长不良，直至衰竭而死亡。

小知识

副猪嗜血杆菌病病理变化

病猪胸膜炎明显（包括心包炎和肺炎），关节炎次之，腹膜炎和脑膜炎较少。以浆液性、纤维素性渗出为特征（严重的呈豆腐渣样）。肺脏间质水肿、粘连，心包积液、粗糙、增厚，腹腔积液，肝脾肿大与腹腔粘连。

2.防治措施

第一，彻底清理猪舍卫生，用2%的氢氧化钠溶液喷洒猪圈地面和墙壁，2小时后用清水冲净，再用复合碘喷雾消毒，连续喷雾消毒4～5天，消灭或减少猪舍内各种病原的数量，以防感染发病。

第二，用当地分离的菌株制备灭活苗，可有效控制本病。

第三，隔离病猪，用敏感的抗生素进行治疗。一旦出现临床症状，应立即采取抗生素拌料的方式对整个猪群治疗，发病猪大剂量肌内注射抗生素。大多数血清型的副猪嗜血杆菌对头孢菌素、氟甲砜霉素、庆大霉素、磺胺及喹诺酮类等药物敏感。为控制本病的发生发展和耐药菌株出现，应进行药敏试验，选择敏感药物。

第四，在应用抗生素治疗的同时，口服纤维素溶解酶，可快速清除纤维素性渗出物、缓解症状、降低猪群死亡率。

（十一）猪传染性胸膜肺炎

猪传染性胸膜肺炎是由胸膜肺炎放线杆菌引起的猪的一种高度传染性呼吸道疾病，又称为猪接触性传染性胸膜肺炎。本病主要发生于育成猪和架子猪。

1.临床症状与病理变化

（1）最急性型　同圈或不同圈的几头猪突然发病，病情严重。体温升高，可至41.5℃，沉郁、厌食，有短暂轻微腹泻和呕吐。开始呼吸症状不明显，但心跳加快，发展为心脏衰竭。后期呈犬坐势，张口呼吸，耳、鼻、腿及全身皮肤发红与出现紫斑。一般24～36小时后死亡，死前从口和鼻孔流出带泡沫的血样渗出物。

（2）急性型　同圈或不同圈许多猪同时发病，体温40.5～41℃，沉郁、拒食、咳嗽、呼吸困难，有时张口呼吸，常出现心脏衰竭。病程依据肺部病变和开始治疗时间而不同，可发生死亡，也可转为亚急性或慢性型。

（3）亚急性和慢性型　常由急性转变而成，体温不升高或略有升高，食欲不振，阵咳或间断性咳嗽，增重率降低。在慢性感染群中，常有许多亚临诊症状病猪，如有其他呼吸道感染，症状加剧。

小知识

猪传染性胸膜肺炎病理变化

病理变化主要发生于呼吸道，两侧性肺炎，涉及心叶、尖叶和部分膈叶，肺炎病变为局灶性，且界限分明，肺炎区色暗、坚实。纤维素性胸膜炎很明显，胸腔内有血样液体。

①急性死亡病例　气管和支气管充满泡沫状血样黏液性渗出物。

②慢性病例　肺脏上形成大小不等的结节，少数在膈叶，结节被一层厚结缔组织膜包裹。有些区域胸膜粘连，在许多病例肺部病变消失，只残留部分病灶与胸膜粘连。

③急性型病例　应与猪瘟、猪丹毒、猪肺疫及猪链球菌病做鉴别诊断。慢性病例应与猪喘气病区别。

2. 防治措施

第一，加强引种管理，从无病猪场引进公猪或后备母猪，防止引进带菌猪。

第二，对已污染本病的猪场应定期进行血清学检查，清除血清学阳性带菌猪，并制订药物防治计划，逐步建立健康猪群。在混群、疫苗注射或长途运输前1~2天，应投喂敏感的抗菌药物，如在饲料中添加适量的磺胺类药物或泰妙菌素、泰乐菌素等抗生素，进行药物预防，可控制猪群发病。

第三，用灭活疫苗免疫接种。一般在5~8周龄时首免，2~3周后二免。母猪在产前4周进行免疫接种。可应用包括国内主要流行菌株和本场分离株制成的灭活疫苗预防本病，效果更好。

第四，本病早期治疗可收到较好的效果，但应结合药敏试验选择药物。一般可用新霉素、四环素、泰妙菌素、泰乐菌素、磺胺类等。对发病猪注射用药效果较好，对发病猪群可在饲料中适当添加大剂量的抗生素，有利于控制疾病，可防止新的病例出现。抗生素虽可降低死亡率，但经治疗的病猪常成为带菌者。药物治疗对慢性病猪效果不理想。

四、其他动物主要病

（一）牛病毒性腹泻——黏膜病

牛病毒性腹泻——黏膜病是由牛病毒性腹泻病毒引起的传染病。

1. 临床症状与病理变化

（1）急性型　病牛突然发病，体温40~42℃，持续4~7天，随后下降，有的出现第二次体温升高。随体温升高，白细胞减少，持续1~6天，继而白细胞数量又会增多，有的会发生二次减少。病畜表现精神沉郁，厌食，鼻眼有浆液性分泌物，2～3天内可能有鼻镜和口腔黏膜表面溃烂，舌表面上皮坏死，流涎增多，呼出气体恶臭。通常在口内损伤之后发生严重腹泻，开始水泻，后带有黏液和血液。有些病牛出现蹄叶炎皮肤溃烂坏死，从而导致跛行。通常1～2周死亡，少数病例可拖延1个月。

（2）慢性型　病牛很少有发热症状，体温出现轻微波动。主要表现鼻镜溃烂，甚至连成一片，眼常有分泌物，口腔少有糜烂，但门齿齿龈通常发红，明显跛行，有时无明显腹泻症状。多数病例死于2～6月龄。

黏膜病病理变化

尸体消瘦、脱水；皮下组织充血，鼻腔黏膜潮红、充血；肺炎；消化道黏膜充血、出血，尤以肠道变化最严重；真胃弥漫性出血、水肿，有小的溃疡；肠系膜淋巴结水肿，增大为枣样；小肠黏膜弥漫性充血、出血；盲肠和结肠黏膜充血、出血，有的溃疡；心内外膜出血；脑膜充血，脑膜下积聚着大量水肿液。

2.防治措施

●坚持自繁自养原则，不从疫病区引进牛羊；对新购牛羊首先进行血清中和试验，阴性者，再进入场内。严禁将病牛羊引入场内。

●公牛及其精液能传播本病，故应加强公牛检疫，不使用有病公牛的精液。

●定期对全群牛进行血清学检查，以便及时掌握本病在牛群中的流行状况。如发现有少数牛抗体阳性出现时，应将其淘汰，以防病情扩大。

●病牛场与健牛场坚决隔离，严禁病场人员进入，防止将病带入。

●本病无特效治疗方法。对体温升高病牛采取使用抗生素、补糖、补水、补盐等方法。

（二）牛流行热

牛流行热又称牛流行性感冒，是由牛流行热病毒引起的急性热性传染病。

1. 临床症状与病理变化

潜伏期 3 ～ 7 天，发病突然，体温 39.5 ～ 42.5℃，维持 2 ～ 3 天后，降至正常，在体温升高的同时，病牛流泪、畏光、眼结膜充血，眼睑水肿，呼吸急促，患牛有发吭现象，咽喉肿痛，口腔发炎，流涎，口角有泡沫；有的患牛四肢关节浮肿，僵硬，疼痛，病牛站立不动并出现跛行，或瘫痪站不起来而被淘汰。妊娠母牛可发生流产、死胎、泌乳量下降或停止，多数病例为良性经过，病程 3 ～ 4 天，很快恢复，少数严重者可于 1 ～ 3 天死亡，但病死率不超过 1%。

2. 防治措施

本病无特效药物治疗，早发现、早隔离、早治疗，合理用药、护理得当是治疗本病的重要原则。

病初可根据情况酌用退热药及强心药，停食时间长的可适当补充生理盐水及葡萄糖溶液，使用抗生素防止并发症和继发感染。呼吸困难者应及时输氧。

自然恢复后可获得 2 年以上的坚强免疫力，由于本病有明显的季节性，在流行季节到来之前用疫苗免疫接种可达到预防目的。

（三）牛传染性鼻气管炎

牛传染性鼻气管炎又称坏死性鼻炎、红鼻病，是由牛传染性鼻气管炎病毒引起的牛呼吸道接触性传染病。

1. 临床症状与病理变化

（1）呼吸道型 寒冷季节发病，病情有时很轻微甚至不能被觉察，也可能极严重。急性病例可侵害整个呼吸道，对消化道的侵害较轻。病初发高热，39.5 ～ 42℃，极度沉郁，拒食，有大量黏液性脓性鼻液，鼻黏膜高度充血，出现浅溃疡，鼻窦及鼻镜因组织高度发炎而称为"红鼻子"，流泪并有结膜炎，常因炎性渗出物阻塞而发生呼吸困难及张口呼吸。因鼻黏膜的坏死，呼气中常有臭味，呼吸次数增加，常有深部支气管性咳嗽，有时可见带血腹泻。奶牛病初产乳量即大减，后完全停止，病程如不延长（5 ～ 7 天）则可恢复产奶量。重型病例数小时即死亡；大多数病程 10 天以上。流行严重，发病率在 75%以上，但病死率在 10%以下。

（2）生殖道感染型 在美国又称传染性脓疱阴户阴道炎，在欧洲国家又称交合疹。由配种传染。潜伏期1～3天，发生于母牛及公牛。病初发热、沉郁、无食欲，频尿、有痛感，产乳量稍降。阴户联合下流黏液线条，污染附近皮肤，阴门阴道发炎充血，阴道底部有不等量黏稠无臭的黏液性分泌物；阴门黏膜上出现小的白色病灶，可发展成脓疱，大量小脓疱使阴户前庭及阴道壁形成广泛的灰色坏死膜，当擦掉或脱落后可见发红的破损表皮。急性期消退时开始愈合，经10～14天痊愈。公牛感染时潜伏期2～3天，沉郁、不食，生殖道黏膜充血，轻症1～2天后消退，继而恢复；严重病例发热，包皮、阴茎上发生脓疱，随即包皮肿胀及水肿，细菌继发感染时更重，一般出现临床症状后10～14天开始恢复。公牛可不表现症状而带毒，从精液中可分离出病毒。

（3）脑膜炎型　主要发生于犊牛，体温40℃以上，共济失调，沉郁，随后兴奋、惊厥，口吐白沫，最终倒地，角弓反张，磨牙，四肢划动，病程短促，多归于死亡。

（4）眼炎型　一般无明显全身反应，有时也可伴随呼吸道型一同出现。主要症状是结膜角膜炎，表现为结膜充血、水肿，并可形成粒状灰色的坏死膜；角膜轻度混浊，但不出现溃疡；眼、鼻流浆液脓性分泌物。很少引起死亡。

（5）流产型　一般认为是病毒经呼吸道感染后，经血液循环进入胎膜、胎儿所致。胎儿感染为急性过程，7～10天后死亡、流产。

牛传染性鼻气管炎病理变化

①呼吸型病例呼吸道黏膜高度发炎，有浅溃疡，并有腐臭黏液性脓性渗出物，可能有成片的化脓性肺炎。第四胃黏膜常有发炎及溃疡。大小肠可有卡他性肠炎。

②脑膜脑炎型病灶呈非化脓性脑炎变化。

③流产胎儿肝、脾有局部坏死，有时皮肤有水肿。

本病应与牛流行热、牛病毒性腹泻——黏膜病、牛蓝舌病和茨城病等相区别。

2. 防治措施

第一，严格检疫，防止引入传染源和带入病毒（如带毒精液）。

第二，发生本病时，应采取隔离、封锁、消毒等综合性措施，由于本病尚无特效治疗方法，病畜应及时严格隔离，最好予以扑杀或根据具体情况逐渐将其淘汰。

第三，本病目前有弱毒疫苗、灭活疫苗和亚单位苗三类。研究表明，疫苗免疫牛，并不能阻止野毒感染，也不能阻止潜伏病毒的持续感染，只能防御临床发病。因此，采用敏感的检测方法（如 PCR 技术）检出阳性牛并予以扑杀是目前根除本病的有效途径。

（四）羊快疫

羊快疫主要发生于绵羊，是由腐败梭菌引起的一种急性传染病。

1. 临床症状与病理变化

羊突然发病，往往未表现出临床症状即倒地死亡，常常在牧场或放牧途中死亡，也有早晨发现死在羊圈舍内。有的病羊离群独居，卧地，不愿意走动，强迫其行走时，则运步无力，运动失调；腹部臌胀，有疝痛表现；体温有的升高到 41.5℃，有的体温正常。发病羊以极度衰竭、昏迷至发病后数分或几天内死亡。

羊快疫病理变化

病羊死之前诊断本病有困难，根据临床症状只能初步诊断，死后剖检可见真胃出血，确诊需进行细菌学检验。

病死羊肝脏的被膜触片、染色、镜检，可见到无关节的长丝状菌体。

2. 防治措施

> ●疫区羊只每年应定期注射羊厌氧菌病三联苗（羊快疫—羊猝狙—羊肠毒血症）或羊快疫—羊肠毒血症—羊猝狙—羊黑疫—羔羊痢疾五联灭活疫苗。用量按疫苗使用说明书。
>
> ●加强饲养管理，防止羊受寒冷刺激，严禁吃霜冻饲料。
>
> ●大多数病羊来不及治疗即死亡。病程稍长的病羊，可用青霉素肌内注射，或内服磺胺嘧啶。采取强心、补液解除代谢性酸中毒进行辅助治疗。
>
> ●对可疑病羊全群进行预防性投药，如饮水中加入恩诺沙星或环丙沙星。

（五）羊肠毒血症

羊肠毒血症是羊的一种急性非接触性传染病，主要危害羔羊，死后的肾组织易于软化，故本病又称"软肾病"，在临床上与羊快疫相似，又称"类快疫"。

1. 临床症状与病理变化

（1）最急性型　病羊常急性发作，突然死亡，在个别情况下，病羊表现为疝痛症状，步态不稳，呼吸困难，有时磨牙，流涎，随后倒地痉挛而死。

（2）急性型　病羊食欲废绝，表现腹泻、腹胀，离群呆立或卧地不起，或独自奔跑，有时低头做采食状，口含饲草，却不咀嚼下咽。胃肠蠕动微弱，咬牙，倒地，四肢抽搐痉挛，左右翻滚，角弓反张，呼吸急促，口鼻流出白沫，心跳加快，结膜苍白，四肢及耳尖发凉，呈昏迷状态，有时发出痛苦的呻吟，体温一般不高。

羊肠毒血症病理变化

本病最突出而一致的变化是严重的高血糖，可超过正常值的 2 倍，尿糖增加 2%～6%，血中乳酸盐在死前可超过正常值的 4 倍。

幼龄羊病理变化较显著，成年羊变化不一。常见真胃内有残留未消化的饲料，特征性病变是肠道（尤其小肠）黏膜出血，严重者整个肠段呈血红色或有溃疡，故此病有"血肠子病"之称。肠系膜淋巴结浸润肿大。肾脏充血软化，幼龄羊的肾脏呈血色乳糜状，故称之为髓样肾病。

大羊肾脏变软，称为软肾病，肾脏变化在死后 6 小时最为明显；肝脏显著变性，胆囊肿大，脾脏无眼观病变。

2. 防治措施

疫区每年应在发病季节前注射羊肠毒血症菌苗或羊肠毒血症—羊快疫—羊猝狙三联苗。

在发病季节可在饲料中拌入土霉素、磺胺类药物进行预防。也可用中药预防。

羊肠毒血症药物治疗

急性的往往来不及治疗便迅速死亡，对病程较长的（2 小时以上）病羊可采用下列疗法：

①青霉素肌内注射　每次 80 万～160 万国际单位，1 天 2 次。

②磺胺脒内服　每只每次 8～12 克，第一天 1 次灌服，第二天分 2 次灌服。

③对症治疗　脱水时要及时输液，可用 5% 葡萄糖氯化钠 500 毫升加 10% 安钠咖 5 毫升静脉注射，每 3～5 小时 1 次，对有疝痛的可采用阿托品肌内注射，对抽搐痉挛的可镇静治疗。

④中药治疗　白茅根 9 克，车前草 15 克，野菊花 15 克，筋骨草 12 克，水煎灌服。

（六）羊猝狙

羊猝狙是由 C 型魏氏梭菌引起的一种急性毒血症。

1.临床症状与病理变化

本病潜伏期短，傍晚放牧时羊群正常，第二天早晨有病羊死于圈内。缓慢者可见病羊离群、卧地、不安、体温升高、腹痛、昏迷和痉挛，数小时内死亡。新生羔羊除发生痉挛外，还会出现虚脱。

小知识

羊猝狙病理变化

病羊十二指肠和空肠黏膜严重充血、糜烂，有的肠段可见大小不等的溃疡，有明显的腹膜炎。胸腔、腹腔和心包大量积液，心包液暴露于空气后可形成纤维素絮块。浆膜上有小出血点。死后 8 小时，骨骼肌间积聚血样液体，肌内出血，气性裂孔，似海绵状。

本病应与羊快疫等其他梭菌性疾病、炭疽、巴氏杆菌病等类似疾病相鉴别。主要通过病原学检查和毒素检验进行区别。

2.防治措施

同羊快疫和羊肠毒血症。

（七）羊黑疫

羊黑疫又称传染性坏死性肝炎，是由 B 型诺维梭菌引起的一种急性高度致死性毒血症。

1.临床症状与病理变化

临床上与羊快疫、羊肠毒血症等极其类似。病程极短，绝大多数情况是未见有症状而突然死亡，少数病例可拖延 1～2 天，但没有超过 3 天的。病羊掉群、不食、呼吸困难，体温41.5℃左右，常昏睡、俯卧而死。发病率30%以上，死亡率几乎 100%。

羊黑疫病理变化

病羊静脉显著瘀血，使其皮肤呈暗黑色外观，胸部皮下组织水肿。胸腹腔、心包腔黄色积液，暴露于空气易凝固，腹腔液略带血色。左心室心内膜下出血，皱胃幽门部和小肠充血、出血。肝脏充血肿胀，有一个或多个凝固性坏死灶，坏死灶呈灰黄色、不规则圆形，界限清晰，边缘常有一鲜红色的充血带围绕，坏死灶直径可达2～3厘米。这种病变和未成熟肝片吸虫通过肝脏所造成的病变相同，后者为黄绿色、弯曲似虫样的带状病灶。

肝片吸虫流行的地区发现急死或昏睡状态下死亡的病羊，剖检可见特殊的肝脏坏死变化，有助于诊断。必要时可做细菌学检查和毒素检查。

2.防治措施

第一，以羊快疫—羊肠毒血症—羊猝狙—羔羊痢疾—羊黑疫五联苗进行预防注射，每只羊皮下或肌内注射5毫升，注射后2周产生免疫力，保护期半年，或接种羊黑疫、快疫灭活疫苗，羊无论年龄大小，皮下或肌内注射3毫升，免疫期1年。

第二，尸体要合理处理，防止芽孢散播。

第三，急性病例往往来不及治疗，病程稍缓的病羊，可肌内注射青霉素80万～160万国际单位，每天2次，连用3天，或早期静脉或肌内注射抗诺维氏梭菌血清，一次量50～80毫升，必要时可重复1次。

（八）羊传染性脓疱病

本病又称传染性脓疱性皮炎，俗称口疮，是由传染性脓疱病病毒引起的一种急性接触性人畜共患病。

1.临床症状与病理变化

（1）唇型　病羊首先在口角、上唇和鼻镜上出现散在的小红斑点，很快形成芝麻大的小结节，继而成为水疱或脓疱，脓疱破溃后，结成黄色或棕色的疣状硬痂。良性经过的病例，痂垢逐渐扩大、加厚、干燥，1～2周内脱落而恢复正常。严重病例，患部继续发生丘疹、水疱、脓疱、痂垢，并互相融合，波及整个口唇周围及颜面、眼睑和耳郭等部，形成大面积具有龟裂、易出血的污秽痂垢，痂垢下伴以肉芽组织增生，整个嘴唇肿大外翻呈桑葚状突起，严重影响采食，口腔黏膜也常受侵害，在唇内面、齿龈、颊部、舌及软腭黏膜上发生被红晕所围绕的灰白色水疱，继之变成脓疱和烂斑，或愈合而康复，或恶化形成大面积溃疡，有时甚至可见部分舌的坏死脱落。病羊日渐衰弱而死亡，病程2～3周。同时常有化脓菌和坏死杆菌等继发感染，发生有恶臭的深部组织的化脓和坏死。少数严重病例可继发肺炎而死亡。

（2）蹄型　仅侵害绵羊。一般仅一肢患病，但也可能同时或相继侵害其他蹄。常在蹄叉、蹄冠或相邻皮肤上形成水疱或脓疱，破裂后形成由脓液覆盖的溃疡。如有继发感染即成为腐蹄病，病羊跛行，病期较长，间或可能在肺脏、肝脏和乳房中发现转移病灶，严重者衰弱而死亡或因败血症而死亡。

（3）外阴型　本型发病较少，母羊阴道有黏性和脓性分泌物，阴唇和附近的皮肤肿胀并有溃疡；乳房和乳头皮肤上发生脓疱、烂斑和痂垢。公羊阴鞘肿胀，阴鞘口和阴茎上发生小脓疱和溃疡。

2. 防治措施

●不要从疫区进羊和购买畜产品，若引进羊时，应隔离检疫2～3周，进行详细检查，同时将蹄部彻底清洗和进行多次消毒。

●在本病流行地区，可使用羊口疮弱毒疫苗进行免疫接种。

●发病时做好污染环境的消毒，特别注意羊舍、饲养用具、病羊体表和蹄部的消毒。

●本病轻者可以自愈，不需治疗。对严重病例可先用水杨酸软膏将痂垢软化，除去痂垢后再用0.1%～0.2%的高锰酸钾溶液冲洗创面，然后涂2%甲紫、2%～3%碘酊或土霉素软膏，每天1～2次，至痊愈。

●蹄型病羊则将蹄部置3%～10%福尔马林溶液中浸泡1分，连续浸泡3次，也可隔日用3%甲紫溶液、3%石炭酸软膏或土霉素软膏涂搽患部。

（九）兔瘟

兔瘟是由兔瘟病毒引起的一种急性、热性、败血性和毁灭性的传染病。

1.临床症状与病理变化

（1）最急性型　无任何明显症状即突然死亡。死前多有短暂兴奋，如尖叫、挣扎、抽搐、狂奔等。有些患兔死前鼻孔流出泡沫状的血液。该类型病例常发生在流行初期。

（2）急性型　精神不振，被毛粗乱，迅速消瘦。体温升高至41℃以上，食欲减退或废绝，饮欲增加。死前突然兴奋，尖叫几声便倒地死亡。

（3）慢性型　多见于流行后期或断奶后的幼兔。体温升高，精神不振，不食，爱喝凉水，消瘦。病程2天以上，多数可恢复，但成为带毒者而感染其他家兔。

小知识

兔瘟病理变化

病死兔出现全身败血症变化，各脏器都有不同程度的出血、充血和水肿。肺脏高度水肿，有大小不等的出血斑点，切面流出大量红色泡沫状液体。喉头、气管黏膜淤血或弥漫性出血，以气管环最明显；肝脏肿胀变性，呈土黄色，或淤血呈紫红色，有出血斑；肾肿大呈紫红色，常与淡色变性区相杂而呈花斑状，有的见有针尖状出血；脑和脑膜血管淤血，脑下垂体和松果体有血凝块；胸腺出血。

2.防治措施

●用兔瘟灭活苗或多联苗免疫是防止兔瘟的最佳途径。

●小兔断乳后每只皮下注射1毫升，5～7天产生免疫力，免疫期4～6个月；成年兔1年注射2～3次，每次注射1～2毫升。

●一旦发生兔瘟，立即封锁兔场，隔离病兔，死兔深埋（离地面约50厘米），笼具、兔舍及环境彻底消毒；必要时，对未感染兔紧急预防注射。兔场不可在发病期向外售兔，也不可从疫区引种。

（十）犬瘟热

犬瘟热，俗称狗瘟，是由犬瘟热病毒引起的一种高度接触性传染病。

1.临床症状与病理变化

（1）亚临床症状　表现倦怠、厌食、体温升高和上呼吸道感染。重症犬瘟热感染多见于未免疫接种的幼犬。犬瘟热开始的症状是体温升高，持续1~3天。然后消退，具感冒痊愈的特征，但几天后体温再次升高，持续时间不定。病犬流泪、眼结膜发红，眼分泌物由液状变成黏脓性；鼻镜发干，有鼻液流出，开始是浆液性鼻液，后变成脓性鼻液。病初有干咳，后转为湿咳，呼吸困难。肠胃型则出现呕吐、腹泻、肠套叠，最终因严重脱水而衰弱死亡。

（2）神经症状　幼犬经胎盘感染可在28～42天产生神经症状。由于犬瘟热病毒侵害中枢神经系统的部位不同，症状有所差异。病毒损伤于脑部，表现为癫痫、转圈、站立姿势异常、步态不稳、共济失调、咀嚼肌及四肢出现阵发性抽搐等神经症状，此种病犬预后多为不良。

（3）其他症状　犬瘟热病毒可导致部分犬眼睛损伤，临床上以结膜炎、角膜炎为特征，角膜炎大多是在发病后15天左右出现，角膜变白，重者可出现角膜溃疡、穿孔、失明。

幼犬患病死亡率为80%～90%，并可继发肺炎、肠炎、肠套叠等症状。

2.防治措施

●用犬瘟热疫苗进行预防接种。

●及时发现病犬、早期隔离治疗、预防继发感染，这是提高治愈率的关键。

●在出现临床症状后用大剂量的犬瘟热高免血清进行注射，可控制病情发展。

●对症治疗：补糖、补液、退热，防止继发感染。